优　雅　女　人　的　气　质　心　经

向美而生

向上而行

x m e s

x s e x

小富女◎著

海南出版社
HAINAN PUBLISHING HOUSE

图书在版编目（CIP）数据

向美而生，向上而行 / 小富女著 . -- 海口：海南出版社，2017.11

ISBN 978-7-5443-7583-2

Ⅰ . ①向… Ⅱ . ①小… Ⅲ . ①女性－成功心理－通俗读物 Ⅳ . ① B848.4-49

中国版本图书馆 CIP 数据核字 (2017) 第 262387 号

向美而生，向上而行

作　　者：小富女
监　　制：冉子健
责任编辑：孙　芳
执行编辑：晏一群
装帧设计：韩庆熙
责任印制：杨　程
印刷装订：北京盛彩捷印刷有限公司
读者服务：蔡爱霞　郄亚楠
出版发行：海南出版社
总社地址：海口市金盘开发区建设三横路 2 号　　邮编：570216
北京地址：北京市朝阳区红军营南路 15 号瑞普大厦 C 座 1802 室
电　　话：0898-66830929　　010-64828814-602
投稿邮箱：hnbook@263.net
经　　销：全国新华书店经销
出版日期：2017 年 11 月第 1 版　2017 年 11 月第 1 次印刷
开　　本：880mm×1230mm　1/32
印　　张：8
字　　数：200 千
书　　号：ISBN 978-7-5443-7583-2
定　　价：38.00 元

目 录

contents

生活方式篇

有姿态地去生活

岁月成长篇

活出自己的独特魅力

人物篇

在她们的世界里照见自己

梦想篇

美丽是永不放弃的向上力

养育篇

养育是一场自我的修行

自序　优雅是时光深处的从容

美丽这个词，从小与我是不沾边的。

塌鼻子、小眼睛、单眼皮、大饼脸，锅盖一样的学生头和一成不变的蓝校服，这便是学生时代的我。

不漂亮，学习一般，个性温吞……因为“平凡”，所有童年的经历，没有老师青睐，没有同学注意，没有赫赫在目的经历，甚至没什么可圈可点的地方，所有的一切堪称“平庸”。

可这一切的变化发生在 18 岁进入大学之后——那段美丽觉醒的日子。

我从外到内地开始倒腾，包括减肥、做头发、买漂亮衣服、参加社团活动、沉醉于各种文学读物，以及谈了一场惊心动魄的恋爱……

尤记得，当发型师把我那“锅盖头”，化腐朽为神奇地变成不贴面还很遮脸的“清汤挂面”，并给出一个好看的弧形刘海时，整个人竟在镜前秀丽起来了；

更记得，当我在时装店前一套套试衣穿搭时，这一套还尽显“矮矬穷”，换上另一套，竟有了几分“白富美”的姿态。

我渐渐领悟，原来美丽的标准虽然是具有普遍共性的，但具体到每个人身上，却也极富个性——是弱化你的缺陷。我们要发掘和彰显天生优势，变成那个更好的自己。

不仅外表如此，内在也是同样。

在整个人焕然一新后，我开始大方、自信地活跃在社团中间，很快成为校报首屈一指的记者，有自己固定负责的版面，并经常担纲头条的采访和报道；

我也爱静静地坐在图书馆外的石阶上，在天气晴好的日子里，捧着一本书、端着一杯茶、沐浴着暖暖的日光，享受着这静好时光。

我于是开始自内而外地发生着气质上的变化，原来的丑小鸭和小透明，现在渐渐活泼大方、自信从容，并热衷于所有美好的事物，生活和自我也都渐渐变得质感和讲究起来。

优雅是一场时光深处的从容。我渐渐豁然，原来此前 18 年的经历其实并没有那么不堪，它埋下了很多伏笔，只待一场春风煦雨，便能将其一一唤醒。

在我整个人内外而同地向美而生后，我的人生也仿佛开了外挂。

大学毕业后，我于万马千军中考入了本地的一个报社，后来报业环境下滑，我跳槽进本土一家最早开始从事电子商务的中型企业，并在不到两年就被提拔成最年轻的中层管理，负责品牌宣传与推广；

这期间，我遇到了一位博学多才、体贴绅士、富有远见的男人，如今他是我的先生。婚姻九年，他对我疼爱有加，更映衬着当初的相遇是多么美丽；

再后来，我们拥有了一个特别可爱的儿子……

我感恩这一切，更感谢自己 18 岁那年没有漠视心底“向美出发”的潜意识呼唤。

可另一方面，站在“30+”的当口，当我拿着稳定的年薪、干着轻松的工作，在朝九晚五的时间外，从容地陪着先生孩子时，我的心中却难以坦然。

或者是因为，所有的舒适背后，都埋藏着更大的隐患：

一份每天都在安逸度日的工作，其实它的生产线已经出现问题；

一份30岁就在吃老本的工作，到60岁大概只剩苟延残喘；

一种只想握住眼前幸福的生活方式，却往往将生活越过越狭隘；

小时候那句“不进则退”的人生格言真是深入我心，在我松懈之时常警钟自鸣。毕竟，“30+”正是女性职场再出发的大好年华；毕竟，“30+”才是女性美丽人生下半场的关键开始……

更何况，我们还有一个那么小的孩子。

母亲心底的那块最柔软，却往往能够唤起她的最刚毅。

一种连妈妈都渐露颓势的家庭，又如何培养一个朝气可人、蓬勃向上的孩子。

我挥别了看上去很美的工作，谢过了同行伙伴递过来的橄榄枝。

这一年，我没有赚钱，也没考虑赚钱，而是开始系统、大量地阅读，仿佛一次回炉重造与自我重生。

我一边读书、知新，在他人的经验故事和人生线条中，寻找我所要的生活智慧；一边回忆、总结，结合自己的过往经历，探求更深层次的因果规律；同时思考、写作，将归纳所得转化成观点，再运用回生活中；并一边着眼于漫漫的亲子陪伴，由此有趣地发现，孩子的成长过程也是父母解码生命的再成长过程。当把育儿放入一个更高的维度，而非纠结于眼下的某些表现和具体细节，你会在眼前的视界里豁然开朗，焕然得到一个新世界。

于是，竟也慢慢有了此书。

它囊括了一个女人对美丽的所有思考和点滴印证，包括外在塑造、内在修炼、对美好生活方式的探寻、对优雅人生姿态的解析、对美丽的觉醒和对永葆美丽所进行的一场修行……

它是一场所有“30+”女人的美好盛宴，也是一位“30+”妈妈对所有“20+”姑娘们所讲的知心话。

但愿每一个人女人都可以在这里找到方向，拥抱更好的自己。也愿每一个女人都能因为在这里的“一场际遇”，而不曾漠视心底源源不断、向美向上的潜意识呼唤，从而开启另一场更精彩的人生。

我更希望，很多年后，我们再回首，都能发现：所谓优雅，不过是那场时光深处的从容。

外形修炼篇

变美这件小事情

天资不够美，时光让你美

对于大多数女人来说，上天并没有给她一个与生俱来的好容貌、好家世，但岁月却让她呈现了另一种美好的可能。

常常听到这样一种声音：

为什么有些女人天生美丽、家境又好，她们一生仿佛都用不着多么努力就可以过得美好顺遂，而另外的大多数拼尽一生，却也只能望其项背？

持这种腔调的人，大多只看到了一个表面，却忽略了一种事实。

诚然，少女时的美貌大多赖于天生。那些五官姣好、身材修长的女孩，就好像拥有着天然优势，凭借基因就可以站上人生的第一梯队，享受资源优先和各种竞争优势。

可是，青春一晃，失去天资庇佑的女子们很快又回到同一起跑线，开始了有关美丽的另一场赛跑。

与那场耳熟能详的龟兔赛跑有些相似。

这一轮竞赛中，某些“兔子们”可能还没摆正心态，没意识到这是一轮新的比赛；某些“乌龟们”可能早已破罐子破摔，放弃或不屑于这一场比赛。

当然，也有“聪明的兔子”很懂得保持上一场的先机，且丝毫不懈怠；还有“智慧的乌龟”懂得凭借强大的内力，而实现人生的逆袭。

说到底，这一轮女人们的成绩，直接取决于她们各自的悟性和努力。

没有女人生而完美。即便生得比较美，好条件也有可能异化为负能量。

美好永远青睐那些懂得不断修炼和精进自己的女子。

时光在她们脸上，分明雕琢出了美人的模样。

先说一个我心中励志女神的故事。

当我还是一枚浅资小写手时，曾特别崇拜一位自媒体大咖。

她不仅文章写得漂亮，下笔酣畅，且每次在她的文章边上，总会附上一张大大的个人彩照，十分养眼和惊艳。

再细瞧照片下方她光鲜的个人履历，媒体出身、出书若干、旅居海外……简直标准女神范儿。

出于崇拜和好奇，我仔细阅读了女神的很多文章，包括她此前的种种经历。

这一阅读还真有些震撼，原来这位大咖在写作出名之前，样貌平凡如你我，一副邻家小女孩的气质，甚至眼神里还带着不难察觉的羞怯与躲闪。

可是，变化也正发生在她个人与事业的逐步成长之后。

在一开始决定运营自媒体之时，出于个人包装和定位需要，她特意去拍了一张光鲜亮丽的女王片——那大概也是她一心想成为的样子。

可就在这样一种奇妙的惯性影响和长期的心里暗示下，她的气质竟然伴随着个人的成长，在悄悄发生变化。

强大的梦想力和坚持不懈的行动力，以及长期看书、写作、知新等等潜移默化的熏陶，让她整个人仿佛蒙了一种巨大的光环，原本普通的五官也好像被美化和滋养了一样，整个人也脱胎换骨，由那个青涩的女孩彻底蜕变为自信大方的女神。

向往美的脸庞和开阔丰富的经历相得益彰，从此在她身上发生了更多的马太效应……

你想要成为一个什么样的人，你就会成为什么样的人。

而知道自己要什么，并为之努力的人，特别美。

心里暗示和梦想作用的强大，是有科学依据的。

曾经看到过一个有关返老还童的实验，一位教授和学生精心搭建了一个时空胶囊，所有的场景布置都与 20 年前老人们经历过的一模一样。实验邀请了 16 位 70—80 岁的老人参加，请他们在这样的环境中，听当时的音乐、看当时的电影、读当时的杂志、讨论当时的社会新闻。他们被要求独立生活，尽可能生活自理，保持积极的心态。

一周时间过去，实验让老人们发生了惊人的改变，原来摇摇欲坠的身体，竟然在视力、听力、记忆力和行动力上都有普遍的提高。并且，在所有言行都必须遵循过去进行式的一组，相较言行在怀旧式的一组，要得分更高。

结果表明，在心理上相信自己年轻了 20 岁，于是身体也会做出相应的改变。即使在人生最后的衰老阶段，身体都并非不可逆转的。

所以，任何时候千万别放弃。天生资质不够好，没关系，女人还有第二轮竞跑。

拥有强大的信念并不断焕发着内力，你的身体、容颜，乃至整个人生，都有可能朝着自己所暗示的方向去发展。

不仅信念，爱情在女人成长与变美的这条路上，也发挥着不可思议的神奇作用。

好婚姻可以滋养女人，而不幸的婚姻对女人则是一种消耗。这样的例子已屡见不鲜。

民国时期的两位才情女子——张爱玲与萧红，即使是那样才华横溢，不幸的婚姻竟让她们最后连一张可以书写的方桌和一角安宁都求不得，只能在偌大的世界里兜兜转转、寻寻觅觅……

而同为那个时期的另一位传奇女性林徽因，则被后世人称为最会嫁人的女子。她只浅尝和诗人看看风景、聊聊天的浪漫；却在婚姻问题上，选择了一个以业务见长的靠谱精英男陪伴终生。

好婚姻对女人很重要。可是，嫁了一个好男人，也绝非一劳永逸，就此坐等走向人生巅峰。

在婚姻中一味地依附男人，这样的女人并不可爱；在婚姻中指望以色侍人，这样的幸福也不能长久；在婚姻中过于计较爱与得失，这样的女人不仅失了自我，还有可能遭到厌恶。

再看看那些在婚姻中获得幸福、永葆吸引力、越活状态越佳的女人，其实并不仅仅在于她嫁了一个好男人本身，而是基于她嫁了一个好男人之后，可以更加从容、更有底气地追求她所热衷的事物（事业）和生活。

她有自己的一方天地，可以尽情地努力，她可以愉悦自己，也更加明媚他人。

所以说到底，让女人更幸福和更美丽的，不是嫁了一个好男人，而是在这个男人的胸怀下，以更有爱的方式，过上了自己所爱的生活。

而如果遇人不淑怎么办？

贾静雯的第一段婚姻结束的时候，镜头里的她落寞颓废又不知所措。但离婚后又是一次华丽转身，如今她和小自己 8 岁的现任老公在一起，年过四十看上去却更加青春焕发、魅力十足、风采依旧。

——你只需有勇气和过去告别。

而如果一直都没遇到合适的男人怎么办？

张爱玲的姑姑张茂渊，是民国时期最资深的剩女。她始终坚持一种姿态：独立、自尊、不慌、不乱。对于爱情，有，总归好；没有，也不至于灰头土脸。她一天到晚笑着过日子，无论精神上，还是物质上，把自己搞得充实又丰富……到了78岁，她终于牵手初恋爱人，穿起了婚纱。

——像他明天就来那样去期待，像他永远不会来那样去生活。

现代女性或者也可以用另一种方式去诠释越活越出彩。

我有位混迹于京城时尚圈儿的男性朋友，他多年来专为各类女企业家和女强人提供时装设计和造型，他说，现在看上去优雅时髦且自带光彩的高龄（50岁以上）女企业家已越来越多，她们坚持保养、积极锻炼、有生活情趣且注重品质，她们有财有名且有品位，有能力说买就买，拥有自己的各种心头好；有魄力说走就走，去任何想去的地方；还可以说爱就爱，嫁小自己20多岁的男朋友……岁月非但没有在她们脸上留痕，还让她们神采奕奕、光芒四射、越活越带劲。

——成功的事业和自尊自爱都可以是女人最好的抗衰剂。这些女人不论年龄几何，走到哪里仿佛都自备闪光灯，永远光彩照人、气质优雅，自带女神范儿。

这些在生理学上的解释是：当一个人沉浸和陶醉在自己所爱的事物里，她身上的每一个细胞都可以得到充分的释放和激发，人也因而始终充满青春活力。

所以，生得不够好，你依然可以美；嫁得不够好，这世界仍有爱。不管你是爱人、爱物、爱婚姻、爱生活，或者爱事业，愿你始终拥有爱与被爱的超能力。

有品质地生活，艺术地瘦

减肥的岁月里，你是一枚天天必跑 20 圈的“自虐党”，还是顿顿只吃 3 粒米的“苦行僧”？其实，减肥的过程，大可以愉悦又美好。欲望不可能被消灭，但我们却可以聪明地转化它。

越减越肥的人，往往把欲望融化在吃里；而边吃边瘦的人，往往懂得把欲望融化在吃的艺术里。

那么，究竟怎样才叫吃的艺术呢？

先来看看我喜欢的生活美学大师蒋勋老师平常做的一道菜：

他说：“我有时在周休日会在家里做一道菜，先将蒜切成很薄很薄的蒜片，加上橄榄油爆得香香的；用你的嗅觉感觉到它已经熟透了，这时放进切碎的洋葱，把洋葱炒到金黄色，洋葱的香味加上蒜的香味……接着把揉碎的月桂叶放进去，又有一种不同的香味飘出来，这时我把所有烫好、剥过皮的鲜红番茄切碎放进锅，加水、加胡椒……此时，离一锅红彤彤的意大利海鲜汤，大概还有五分之四的距离吧。”

原来，对于美学大师而言，吃，不是从食物上桌、开始咀嚼的那一刻开始，而是从葱姜蒜的选择和餐盘的美学搭配开始，他吃的，又岂止是一锅海鲜汤，简直是一场洋葱、月桂、番茄、胡椒的欢聚盛宴；一锅小火慢熬、越香越红的岁月见证；甚至是月桂皮的前世今生，一次古希腊女神变成月桂树的文化溯源……

可这样吃真的能瘦吗？当然。当吃这个过程被充分延长时，你的欲望就在各种色彩斑斓的碗碟中、飘香四溢的食材间和有趣好玩的故事里，一点点被消融、吞噬掉。

你先用眼睛饱食了一遍，再用触觉感知了一遍，又用嗅觉浅尝了一遍，最后才到嘴和胃，期间，又用味蕾深深品味了一遍。如此，便是吃得不多，身心却也幸福而满足的。

而且，颇为奇妙的是，当你捧着一碗如红霞落入白玉盘似的海鲜汤，将之放在你那铺着格子布的欧式餐桌中央，佐以轻音乐，伴着桌上的葡萄酒、鲜花和烛台，你会发现，你用餐的速度惊人地慢了下来。你绝不会一骨碌喝完整碗汤，或者囫囵吞饭，你会真正像个欧式淑女的样子，优雅精致，缓慢起来。而且，在这张写着“美学”二字的桌上，你是绝不会允许自己吃到“蠢胀”的。

是的，除了“慢食”之外，生活美学里对于吃所讲求的第二大要点，就是少而精。蒋勋老师对此也有言，他说：吃到饱，这绝对不合乎生活美学，我们应该是有所品味地去吃，很精致地去吃，不要把吃到饱作为食物的唯一目的。

说到少而精，我想讲讲一位闺蜜的故事，巧的是，她也正是一位生活美学的忠实践行者。

和所有热爱生活的人一样，我的这位闺蜜朋友是位美食达人，她喜欢在圈子里晒各种精致小巧的美食体验，泰式的、美式的、日式的、欧式的……那真是一种别有情致的小而美。

我们都曾以为，她大概是那种怎么吃都不胖的天生傲娇体质。但恰恰相反，女友其实是位天生胖妞。大学那几年，开始有美丽觉醒的她，也曾在各种减肥与复胖中苦苦挣扎，所谓“一入胖门深似海”，有时真是减肥容易保持难。

可是如今，她保持着甩掉20斤的胜利战果，已笑傲美食界十余年。要说经验，正是那句：欲望是不可能被绝对杀死的。所谓减肥并持续保持，不过是懂得与自身欲望握手言和。

要说对美食的欲望，谁没有呢。可女友坚持三点要领：

1. 顿顿只吃八成饱，讲求少而精。饿了就来点低卡小零食，少食多餐。

2. 坚决吃你所爱。有选择地吃，而绝不把自己当成填充食物的垃圾桶。

3. 晚上九点之后坚决不食，所有宵夜一律拜拜。挚爱美食不能忍？明早吃！

女友说，刚开始要做到这些也不容易，面对着一桌可口美食，哪是吃到八成饱就可十分尽兴的。这就需要自己在心里问问自己："是想今天一次吃个够呢，从此继续步入减肥深渊周而复始无穷尽呢？还是今天稍微控制一下，吃得开心美味又一身轻松呢？"

身体当然是选择后者，这就是所谓的和欲望握手言和。当然，身体也不是每次都听话、懂事、识大体，所以有时候也需要借助外力，比如深陷一包薯条而手不能停时，她会大叫身旁的男友："快！快把我手里那包该死的薯条拿走！"

然后呢，去洗个手，听听音乐、瞧瞧花草、照照镜子、理理衣柜，瞧，欲望一下就被转移了，并且是在对美的渴求中、在美的事物里消融的。久而久之，吃得节制而精致，变成了一种自然而然的生活习惯（有时候胖，也是因为形成了另外一种生活惯性）。

女友在生活中是典型小资女性，她喜欢吃甜品，边上还伴着一杯红茶；她喜欢吃烤肉，口袋里总放着一些山楂；她和朋友吃火锅，八成饱时来杯酸奶……她说这些食物的组合真是浑然天成，如果你仔细体会，就会发现它们在味蕾上，真是一种相生相合的绝妙搭配。

她也很遵循生活里的养生细节，饮食顺序是标准的从水果到汤，从蔬菜到米饭。她喜欢自己做美食，她说这样既健康又有趣，还可以把卡路里掌握在自己手里。

女友唯一的运动，就是散步。但她坚持得很好，她喜欢在傍晚换上运动套装，塞着耳机，走在绿树如茵的公园里，静静地思考、深深地呼吸，或是细细观察身边的一切。

说起让普通减肥人如临大敌的甜品，女友倒是淡然得很，她说："如果用一点甜食，能够让你得到巨大的满足，那为什么不呢？我们不是去用甜食发泄，去用零食报复，去用饱食填塞。而是用一小块甜品去拥抱更大的幸福和满足，那又有何不可？"

我们有多少人，在减肥的路上终究敌不过一块甜点、一餐美食，由一小口到一整块，再到越来越多，欲壑难填。

有时候我们吃的，真不知是食物本身，还是那难以言语的欲望——像填不满的空虚，像发泄式的报复，像无边的寂寞，像停下来的茫然无措……

可是饱食完，真的就幸福满足了吗？正相反，我们可能会由此陷入更大的负面情绪。

那么索性不吃吗？在减肥的岁月里长长久久做一枚"苦行僧"或"自虐狂"，可这样的生活是你想要的吗？

如果我们减肥和修身，是为了变成更好的自己，被这个世界温柔相待，由此过更好的生活，触及更美好的一切。那么，为什么要本末倒置？为何不先从拥抱你身边的美好生活开始呢？

如果你喜欢美食，那就去吃！什么都吃，餐餐都吃，且大可以更美好、更讲究、更享受地吃。只是要留有余地，七八分饱其实最让你的肠胃欢喜，因为轻松舒适无负担。

如果你喜欢运动，那就去！选择你最感兴趣的，而不是最消耗卡路里的。因为边玩边瘦才是坚持不懈的绝佳神器，顺道还能焕发迷人的青春活力。

如果你不喜欢运动，那也没关系！投入到你喜欢的逛街、散步、逛公园、户外、旅游中去。走出去，动起来，才能触及世界更多元的美好。

如果你喜欢漂亮衣服，那就买！胖姑娘也可以收拾得精致得体；如果你喜欢弹琴、书画、陶艺、插花，那就去追求！生活的天地宽了，自然不至于总跟秤盘上的数字斤斤计较……

你去投入生活，拥抱生活，向美而生，艺术地活，你也将得到生活的馈赠，将收获一个大写的“瘦”字，这个“瘦”字里，除了有更苗条，还应有更健康、更美丽、更自然、更优雅、更质感、更丰富，以及更珍爱自己，更珍重生活。

越减越肥的人，往往把欲望发泄在吃里；边吃变瘦的人，懂得把欲望融化在吃的艺术里。

高境界的美丽，拼的是得体

颜值是外在的智商，智商是内在的颜值。同一起点的人，十几年后，却用内在的差距拉开了颜值的距离。美丽除了取决于像投骰子一样的基因外，还有一步步的自我打造与进阶。

我的女友曼姐，是位典型由“小透明”成长为“大美女”的励志姐。

曼姐其实到现在也不能算是个标准美女，因为五官和脸型都算不上绝对标致，还有一些影响打分的小缺点。

但这并不影响曼姐成为一个第一眼美女，因为她穿搭入时且不落俗套，举手投足都自带味道，整个人就如同一幅浑然天成的养眼画面。

女友为她总结了几个养眼要素：身材好、气质好、会打扮且谈吐不凡。并且这几项在她身上并没有表现成骄傲跋扈或艳丽媚俗。

曼姐给人的感觉总是很舒服。

这种舒服，或者用一个词来形容，是得体。

曼姐读高中那会儿，还是位对美丽不太开窍的灰姑娘，那时她只穿宽大的校服和运动服。也是临近毕业时，开始对着装产生了浓厚兴趣。

十多年前，还不大流行淘宝和网络。曼姐的衣服，大都靠她在实体店里逐家挨户地“逛过去”和“淘出来”。

但也正是如此，炼出了曼姐一双火眼金睛。

“衣服是要试出来的，”曼姐无数次对我们说，“好看真没用，关键得合适。”

看上去穿什么都好看的曼姐，其实也有过无数次的惨败体验。比如，寻到一件心心念念的公主款，却硬是穿出了女汉子的违和感；或者爱不释手地拿起一件流行款，却穿出了装在套子里的挫败感。

把大牌秒变地摊货，这种感觉也是有的。面对这样的衣服，当然是再爱也要果断放弃。在她的观念里，每个人都是个性的个体，在这个世界里总有一套最适合 TA 的穿搭体系。只是有的人适应范围更广，有的人较窄——但都需要你花时间和心思，去找到适合你的体系。

正是在无数次的试穿和总结中，让曼姐自成一组穿衣法则，也掌握了一套美感经验。

在她的试衣体系里，还有三点必杀绝技：

衣服必须遮住缺点而凸显优点——否则再好看也是白搭；

不是你穿衣服或衣服穿你——而是衣服与你相得益彰；

所有的穿扮，是在你的外貌、气质、职业、性格等基础上，打造出独属于你的个人标签。

得体的背后，是首先必须找到你自己。

和曼姐一起买东西，发现她还有一个显著特征，就是下手绝对快、准、狠。

刚毕业那会儿，大家收入都不太高，但曼姐敢拿出月薪的 1/3，来买一件看中的衣服。

对此，曼姐的解释是：随便买一件能穿的衣服——那叫消费；买一件真正适合自己的衣服——那叫投资。

很多年前还不太能理解，只是猜想：曼姐在逛街中已经投入了一定时间，既然选到心仪的，就没有必要再浪费更多的时间。

后来发现她的舍得里，其实还有高的境界。穿衣，不仅仅是为有衣可穿，而是个人的形象塑造和自己的品牌标签打造。打造品牌当然得花成本，但这份成本，往往能为你带来更高收益。

所以，曼姐很少会对打折货和地摊货动心，与其让那些超划算的衣服买进来后束之高阁，还不如让一件得体的“战袍”物尽其用，发挥出最大价值。

与其说美女下手都狠，不如说她们只是更知道自己要什么。

在需要的地方，狠下心来下功夫；在不需要的地方，痛快地断舍离。

以同样的道理也可以解释曼姐是如何瘦下来，并一瘦十余年的。

这世上所有瘦下来的路，真的只有两条，少吃和多运动。对曼姐来说也不例外。

曼姐只是很清楚自己要的和不要的——美丽是必须一生追求的事业；而人其实不一定需要吃那么多，有时候吃下去的仅仅是荒芜和贪婪而已。

因此，曼姐能够在欲望和控制之间找到一种长久的平衡——与欲望握手言和，把多余的欲望消融在其他美好事物里。

所以，美女都是狠角色，但有趣的是，她们看上去又都优雅得体、从容不迫，好像一切毫不费力的样子。

其实，这样的轻松，是舍与得较量下产生的平衡。

所谓得体，只是更清醒地知道自己要什么和不要什么。

当然，让曼姐以普通之姿昂首信眉于美女江湖的最大筹码，我认为应是气质。

曾经看到这样一句话：一双鞋，一个包，一件衣服，只能在你不开口、不做事、不走路的时候，伪装你的气质；但真正的气质，是才华配得上美貌，言谈压得住气场——不至于一说话、一做事，就漏了怯、穿了帮。

曼姐喜欢读书。三毛说："读书改变一个人的容颜。"读书给了曼姐一种独特的知性温婉和成熟睿智的气质。

曼姐也很擅长表达。这种表达，不仅仅是她能够在公开场合落落大方、长抒己见；更在于私下里和她谈话，总是让人很舒服。

我曾细细观察过很多次曼姐与人谈话的场景，发现她有几个明显特点。第一，从来不会打断别人——视为最基础的交流礼貌；第二，安静地做一个倾听者——理解对方的需求并让 TA 更好地完成自己的倾诉需求；第三，也是最重要的一点，她很少会客观盲目地说出"是"或"否"。对此，她解释说："世间事，多半没有绝对的对与错。所以不如引发 TA 在交流过程中更多地表达与思考，帮助 TA 自我判断或找到内心的答案。"

所以，曼姐说话很少会突兀、冷场、得罪人，和她聊天总是如沐春风般的清爽愉快。

得体的背后，更多的是素养与内涵，礼貌与真诚，以及强大的知识结构。

曼姐从来都不算是天生长得漂亮的人，但她却是个活得漂亮的人。并且，她的漂亮，从来都不会锋芒毕露、嚣张跋扈、树敌无数。

她是更懂得藏拙于巧、用晦而明的人。

更高层次的美丽，拼的其实是得体。

且女人长得美丽或不美丽，在通往得体的道路上，需要的是一样的历练和修炼。

有思想的女人，都美成什么样

有思想的女人更美丽，这不仅是读书与思考为她们带来了气质上的变化，也是思想的通透，让她们活得更从容。有思想的女人大多自带光环，不仅明媚自己，也能照见那个懂她的人。

前段时间，回看了一段女外交家傅莹在 2016 年两会期间回答中外记者问的 30 分钟小视频。

画面中，这位笑容温婉、白发微卷、举止端庄的优雅女性，总是能以轻柔的语气和平实的腔调，传递出一种强劲的声音，举重若轻地化解一系列难题。即便是面对不友善的提问，她也能因势利导地拆解于无形。

我当初就这样被她瞬间“圈粉”了。而此番作为全国两会的首位女发言人，她更是俘获无数国际粉丝。

她语气很轻，但力量很强，粉丝们这样总结。她的这套柔中带刚、刚柔并济，处处将东方女性的气质与神韵发挥到极致的风格，被誉为是典型的“傅氏 style”。在硬朗的国际交锋中，有如一种温柔的软实力。

而如果仔细品味她的语言和思路，“傅氏 style”的背后，多半没有艰深术语，也没有老生常谈，而往往是以一个普通人物的角度，从寻常生活入手，先形成情感共鸣，再在理解和懂得中，逐一甄别假象和击破漏洞，从而消解疑虑和表明立场。

所谓上善若水，莫过如此。

那么，如何才能炼就这样一番境界？

从她的言谈里继续揣测，大概是源于一个人平时对生活的细细留意和常常思考。纵观她的半生，经历丰富、酷爱阅读，而只有留意和思考，才能将“见过的”变成“存储的”，将“过眼云烟”变成“胸中沟壑”，变成信手拈来的素材与感悟。

人因思考而存在，上天也格外垂怜喜欢思考的女人。

镜头里，63岁的傅莹依然姿态轻盈、不见老态。她的美有种知行合一的味道。而思想，大概就是那个润泽皮肤、灌溉心灵，让她成为东方冻龄女神的奥妙。

有思想的女人，都自带一种光环。不仅明媚了自己，也能照见那个懂她的男人。

想说说胡先生和他的初恋情人。

这位胡先生，就是民国时期大名鼎鼎的胡适先生，被称为“文化偶像”和“八大美男之一”的胡先生。据说在赴美留学的青春日子里，他就曾爱上一位特别有思想的女人。

很多人好奇，英俊儒雅的东方绅士，究竟会迷上怎样的金发碧眼女郎？

还真是位神奇的女子，胡适曾用“狂狷”来形容她。据说她衣着随意、洒脱不羁，没有什么精心刻意的打扮，却总带一张高洁骄傲的脸。她不单很少添新衣，帽子烂了也懒得理会。嫌头发太长不好打理，就干脆剪了，乱蓬蓬地过了一两年。

某次派对上，仪表堂堂的绅士男和衣着随意的不羁女邂逅了。这女子比胡适大6岁，两人开始只是随意地聊天，可是，她说话的样子，瞬间吸引了他。

胡绅士完全被秒到了，他惊叹于眼前这位女子的思想、见地和哲思。

那天他在日记里不遗余力地夸赞：她人品高、学识富，极能思想，高洁几近狂狷，读书之多，见地之高，诚非寻常女子可望其项背。

胡先生自己就很喜欢智识方面的训练，碰到这么有才情又有口才的韦莲司小姐，自然高兴不已。由此相互爱慕，也就不足为奇。

起初只是朋友间的联系，慢慢地，有了“行月光中”的侃侃而谈；再后来，他们“循赫贞河滨行”，度过了许多美好时光。

只是不久，胡先生难违母命，只得痛别初恋，回国迎娶了自己的“小脚女人”。

但难得的是，婚后的二人却还一直保持着纯真的感情，并且韦莲司与胡适的“悍妻”江东秀，也一直相处得很好。那时的他们，更像是精神层面的相亲相依。

胡先生65岁那年回到纽约，还专程去韦莲司当年住过的公寓转了一圈，怀念当时时光。

他的老乡唐德刚不以为然，觉得绮色佳那么多美女，为什么偏偏要喜欢她?

一向谦和的胡适听后激动强调：“Miss Williams 是个了不起的女子！极有思想！极有思想！”

和有思想的女子相爱，究竟是一种怎样的体验?

这事儿或者可以问问我的一位男闺蜜。

无独有偶，我的这位二十几岁就当上财务总监、身高一米九的“鲜肉级”男蜜，几年前也爱上了一位相貌平平、极富思想的女子。

五年前他宣布要结婚，我们就曾采访过他：“你也相亲无数，怎么就被她收服了？”

他神采奕奕地告诉我们：“她和别的女孩不一样，她从不盲目地认同和崇拜，和她聊天，有时真觉得是一场神交。”

当时我们都笑了，但他却很认真。婚礼那天，他的感言是：“一辈子那么长，我要找个聊得来的。”

婚后五年，他的人生继续像开了挂，一路稳妥地加薪、升职、当奶爸。某次他向我们一本正经地总结了他妻子身上的四个特质：尊重、宽容、懂事、远见。

或者也可以这样理解：一个不断知新、喜欢思考的女子，通常也懂得尊重他人，她不将自己的观点强硬塞给别人，也不会盲从地轻信别人，而是在沟通中不断纠正和刷新自己的认知；她对世界充满好奇的思考，也对世界充满思考的宽容，她们善待这个世界的不完美，她们活得更通透，继而也有了宽容、懂事和远见……

有妻若此，当然旺夫。男人的家庭和睦，事业也如有神助。

但某次在街上偶遇他夫人，才觉得被婚姻所“旺”的，其实是她自己。

此前那个其貌不扬、衣着朴素的姑娘，如今已变成了开着入门级豪车、戴着某大牌墨镜的贵妇。且明明做了妈，还一袭白裙，清新扑面，窈窕婀娜。或者因为有气质和思想作为基础，这些轻奢品在她身上，倒没有矫揉造作的感觉，反倒有种相得益彰的韵味。

她的美大概从 30 岁才开始，而思想就是那个让她变美的作用力。

所以，如果说人生即是一场向美而生的修行，与其不断武装自己的外表，倒不如不断革新自己的思想。

健康，美丽的原动力

这个世界上，从不缺红颜薄命的女人，从秀兰·邓波尔、奥黛丽·赫本到梅艳芳、邓丽君、陈晓旭……这个名单列起来长得让人心碎。她们有着一样的巅峰人生，一样的绝色外表，可一样都难逃厄运，甚至因为一样的原因而消逝于最璀璨的年华。

记得 2015 年开年的霹雳炸弹，是 33 岁的女歌手姚贝娜因乳腺癌复发去世的消息。

年轻、美丽、出生音乐世家、事业如日中天、歌声清透空灵，从她参与录制的几期《我是歌手》里就不难看出她的个性爽朗而率真，为人谦和而努力。一个如此美好的女子，在最灿烂的年华，生命却戛然而止，的确让人唏嘘不已。

而我总爱在这一类新闻报道的背后，去透过表象探究一些致病的因素。

所有的冥冥注定，不过是因果相承，对此我深信不疑。

姚贝娜致病的因素，按其自己的推测，大概是饮食、化妆品激素和性格较真三者导致。

但有篇文章里曾提到姚贝娜在住院期间的一个发现：乳腺癌患者普遍有个规律，左乳癌变的，多数心神疲惫；右乳癌变的，则大多操劳过度。

你猜姚贝娜患病的是哪一边？

是的，左乳。

或许可以这样理解这一条定律，大多数乳腺癌患者无外乎两个原因，一则心累，二则身累。

前者天生操心命，总有想不尽的心事，竟忧郁成疾。后者则天生劳碌命，总有干不完的活，终精疲力竭。

姚贝娜显然是前者，那些在女权时代依然逃不过红颜薄命这道符咒的，大多也是前者。

她们看上去从来都高高在上、优雅美丽，可为了维系这养尊处优的生活，暗地里付出的心力远强于各种劳力；她们也总能处事不惊、大气沉稳，可为了看上去仪态从容，所有的惊涛骇浪都必须强行压制。如此，心又怎能不累。

更何况红颜们还大都性格要强、天生倔强、心思细密、多愁善感，拿得起而放不下，赢得了而输不起，如此，又怎能不成疾。

从秀兰·邓波尔、奥黛丽·赫本到梅艳芳、邓丽君、陈晓旭，这个名单列起来长得让人心碎，她们有着一样的巅峰人生，一样的绝色外表，可一样都难逃乳腺癌的厄运，甚至因为一样的原因而消逝于最璀璨的年华……

她们的致病因素里一定有其个性的一面，但也终究难逃共性的一面。

有人表示不可置信，在今天这个医学发达的年代，区区乳腺癌又何以致死？

的确，乳腺癌本身并不致死。

就拿姚贝娜来说，如果翻阅其较早两年的新闻，就会发现她曾在做乳房切除术之后随即做了假体填充术。

而据学医的朋友所言，这项手术当时就被认为风险极高，正常人填充假体就有一定致癌风险，更何况是在乳房切除后还伴随着若干次的大化疗。

姚贝娜手术后的两年生活，银屏上的看得见，银屏下的猜得着。

不知道是该赞她对生活太乐观太无畏，始终积极向上；还是怨她太执着较真，太死磕自己以追求完美。只是，当看到其父在 ICU 门外一夜白头的消息，或许一切值不值、该不该、好不好，也都有了回答……

早几天看到一则报道，最新的调查研究显示，真正的养生关键，绝不是吃得有多好和饮食有多补，真正决定健康与长寿的，更不是医疗条件有多发达，物质条件有多丰厚。

正确的养身方式，是心态足够开朗、性格足够平和，仅此而已。

或者即便我们不是女明星、女贵族，依然可以欲望少一点，节奏慢一点，压力小一点，要求低一点，活得真实坦然点，笑得轻松任性点。

有钱也买不到的美丽

一生太长，春尽一朝。22 岁时那个在朋友圈脱颖而出的姑娘，
却在 32 岁时，在朋友中率先衰老起来。

网络上流行着这样一句话：好车费油、好马费草、好女人费钱。

这话乍听，似乎有些道理。

走在街边，放眼望去，那些养眼又有质感的姑娘——微卷的头发、绯红的脸颊、婀娜的身段、摇曳的高跟鞋，还有举手投足间无意晃过的闪亮指甲，——哪个不是暗地里下过一番狠功夫？

再美的姑娘，也需要钱的武装。即便不够美的姑娘，也能在钱的魔力下改头换面。

我的大学同学依依，正是如此。

依依刚进校园那会儿，平凡如路人甲。微黑的皮肤、小眼睛、国字脸，一头蓬松的小短发。

那时候，依依最迷恋的女星是范冰冰。有时，她会在范冰冰的海报前摆一个自拍，玩笑般地说："瞧，我们像不像失散多年的亲姐妹。"

大四开学那年，依依竟然真的脱胎换骨。皮肤白了，眼睛大了，连脸颊也凸出两道好看的弧线，再配上一头柔顺的长发，竟真有几分范冰

冰的模样。

“我就拿着照片，让他们照着冰冰姐的样子给整的。”依依倒也大方承认。原来，她一个暑假飞了三趟韩国，完成了几轮大小整形，于是有了现在的模样。

女人真是个特别奇妙的生物。

依依整容后，性格竟也更加开朗自信了，也热衷穿衣打扮起来。等到大四快毕业的时候，动刀的痕迹已渐渐淡去，她俨然成了一个天生丽质的傲娇美女。

可是，一生太长，春尽一朝。

22 岁时那个在朋友圈脱颖而出的姑娘，却在 32 岁时，在朋友中率先衰老起来。

依依的鼻子依然尖挺、脸庞愈加瘦削，可一笑起来面容僵硬，明明做了手术的雪肤如今却比普通人还要晦涩暗沉。每一个看见依依的老友，无不惊讶和叹息。

和她谈及，她依然如 22 岁那般坦诚：“哎，只怪我这手太贱！”

原来，整容是会上瘾的。22 岁沉浸在“当美女的感觉这么好”的依依，总觉得自己还可以再美点，总想着当初整容还不到位……于是，这些年每攒下一点闲钱，她就分批次去实现自己的愿望，不依不饶地对自己进行更美的再改造。

然而，提前挥霍了资本的依依，却也老得比谁都快。

美不是一次青春的透支，而是一场漫长的滋养。

我的另一个大学同学彤，当时是不太起眼的姑娘，倒在 32 岁这年，越发生动起来。

十年同学聚会，大家一起合影。相片里的彤皮肤白皙、气质清雅，在一群人中一跃而出。

我和彤关系不错，知她这些年工作并不轻松，经常熬夜加班，就打趣问她究竟如何保养。

她认真地说："你没发现吗？我的饮食习惯一直比较清淡。我以吃新鲜、当季的蔬菜食材为一种享受，我喜欢它们本来的味道。而你的食趣是甜品、咖啡、重口味，很难说，这些会不会让黑色素天长日久地在你脸上留下沉淀哦。"

女人们都懂，美丽的皮肤是吃出来的。

可这种吃，不是吃得有多贵、吃得有多奇，而是常年累积的至简吃法，是一场漫长的补给与滋养。

听上去这种女性似乎都清心寡欲，活得不食人间烟火。

其实不然。

拿彤来说，她迷恋各种小黑裙、高跟鞋、包包、眼影，这些年我俩在一起最多的时光，就是结伴去逛街、美容、折腾头发。

彤不仅把自己倒腾的清丽怡人，日子也折腾的烟火升腾。

她早几年在一家博物馆工作，展馆里的3000多件展品很快都如数家珍。虽是一枚文案，却也是全馆的才华和颜值担当，每有重要接待或对外交流，也总是被馆里领导亲自点将；

她特别热衷旅游。能说走就走飞到法国乡村，在夕阳下端着一杯红酒，品出一挂葡萄的前世今生；也能背上一个大包，和素未谋面的驴友一起拦车、当沙发客，把每一个插曲当成一个妙趣横生的故事；

她的职场生涯里曾有两次重要的间隔年。一次是旅居欧洲、漫游塞纳河畔的同时，也在异国的博物馆里兼职赚旅资；一次是云南支教，在那个天蓝蓝的无名小村庄里，一待就是大半年。

"间隔"后的彤，现在在一家文化公司做高管，俨然一种人生赢家的优雅姿态。

一个人的容貌里，藏着她读过的书、走过的路、爱过的人——这话用来解释彤，如何从当初的小透明蜕变成今日的大美女，却也再恰当不过。

诚然，女人的每一次蜕变的背后，都是一笔不菲的花费。

我们从小到大，一次次在镜前探寻，究竟如何变得更美丽？

却也不断惊喜地发现：

一次巧妙的修剪，可以把大饼脸遮掩于发端；

一件得体的衣饰，可以把小赘肉藏匿于无形；

一只鲜亮的唇彩，竟然让整个人都焕发光彩；

一个质感的包包，仿佛让整个人都自带腔调。

可是，这种蜕变，绝不是用衣饰、包包、穿搭，甚至手术刀，去雕琢成主流美女的样子。

我们渐渐恍然，美丽的标准虽然具有普遍共性，但具体到每个人身上，却也极富个性——是弱化你的缺点，发掘和彰显天生优势，变成那个更好的你。

易卜生说：“金钱是很多事物的外壳，而不是内壳。”

有钱买得到漂亮的服装和包包，但买不到驾驭它们的气质；

有钱买得到昂贵的奢侈品，但买不到匹配它们的真正高贵；

有钱买得到依葫芦画瓢的容貌，但买不到自己独特的气场与品味。

一个女人最高明的消费，是不断投资自己的眼界、格局和内心；

一个女人最高级的魅力，是活出更好的你自己；

一个女人的脸，就是心灵与这个世界最真实的互动与反馈。

30 岁，女人的分水岭

30 岁以后，你是想成为一道回忆，留下“人生若只如初见”的凄美感；还是想成为别人眼底的惊艳：她竟可以这样优雅地老去。

对女人来说，30 岁是一个分水岭。

30 岁以前的女人，无论高矮胖瘦，大抵衬得上一个青春的称号。你眼角有飞扬的神采，我自信地扬起额头，她随风飘舞……所谓青春遮百丑，一千万种女人就有一千万种风情。

30 岁以后的女人，大抵开始向着两种势头发展，一类容颜渐衰，变身大妈。她们不仅心安理得地接受着岁月的痕迹，还很配合地换上黯淡宽松的服装，不再讲究自己的身材容貌和言行举止，连说话的嗓门都开始变得很高很高。

另一类则愈发美丽，独具韵味。她们的事业多已渐入佳境，也有幸福平和的家庭，而过往的经历和修养在她们的身上如花绽放，举手投足间都散发着年轻女孩难以企及的魅力。

如果说生理衰老是所有人都逃不过的自然现象，那么对于前者而言，精神上的懈怠和无条件的认命，则为自然老化充当了加速器，一切都变成恶性循环。因为身体发福而选择宽松衣服，因为衣饰黯淡而懒于打扮，因为得过且过而整个人整个生活都不那么美好精致……

不过三五年时间，你就会感叹“人生若只如初见”，记忆中的她早已不是旧时模样。

而对于后者而言，经营自己、经营事业、经营家庭，从来都是她们的长处，从而也让生活进入了一种良性循环。美丽与微笑从来都是她们的杀手锏，她们因为自内而外的美丽而独具人格魅力，又因自外而内的智慧而游刃于职场与家庭间。

即便时光后退三五十年，人们依然感慨，她在让人惊艳的优雅中老去。

如果说，女人 30 岁以前，青春是一种美，天生容貌是评判美丽的最大标准；那么在 30 岁以后，气质是一种美，决定女人美貌的，则更多是后天的修养、心态与智慧。

不妨试试以下几条让女人更美的修炼法则，或许有些已是老生常谈，希望每次阅读都能给你不同的领悟。

1. 保持微笑。微笑不仅是一种表情，也是你对万事万物的态度。保持一个好的心态和好的心境，始终微笑的人，运气始终不会太差。

2. 坚持阅读。每天给自己 1 个小时，静下心来读读自己喜欢的文章，哪怕只是一些心灵鸡汤，那也都是别人智慧的领悟。阅读始终是学习和成长的必要手段。

3. 坚持锻炼。锻炼不仅是为了保持美好的身材，更是为了让你拥有健康的身体。

4. 不忘逛街。网络购物如此便捷的今天，你几乎都忘记了上次逛街是什么时候。可是，只有不断地去试穿，不断在试衣间里挑挑拣拣、比比选选，才能找到最适合自己的范儿、找到镜前最美的自己。

5. 别轻易降低生活品质。别轻易对自己说“凑合凑合吧”，别轻易降低你对生活的要求。如果当你对生活总处于一个被迫接受的状态，那么真的有必要自我反省：究竟是哪一个点上出了问题。

6. 有自己的爱好和天地。有事业当然更好。但生活从来都是千姿百态的，即便没有事业，你依然可以过得很好。但你一定要有自己的爱好和实现爱好的天地。

7. 有几个千金不换的好闺蜜。要有人能听你吐槽，能接受你的各种姿态，她们和你有相同的乐趣、相同的人生观，你说的，她们都懂。

8. 孩子不是自己的全部。孩子诚然特别特别重要，但如果你把他当作全部，对你对他，都将是一场灾难。

9. 帮助老公成长。不是所有的男人在事业上都能青云直上，作为妻子，作为最了解他、最相信他，也最依赖他的人，请给出你的建议、分析和思考，哪怕只是默默地倾听或生活上的无限支持。

10. 每年至少一次全家人的快乐旅行，在旅行中发现另一个自己。精神的懈怠和就此认命，是自然老化的加速器。精神的进取和懂得经营，是焕发魅力的永动机。

35岁，女人最好的时光

35岁女人的三种美好姿态：事业型女人、家庭型女人和乐享型女人。

在主流的世界观里，常把二十几岁定义为女人最美好的时光。

仔细想想，这个观念里其实充斥着更多的男权色彩。二十几岁，无外乎是女人身材最好和容貌最佳的时段。而作为一个女人，我以为，三十几岁，才应该算是生命中最丰盈和最理想的一段时光。

这个年纪的女人，孩子大都已进入幼儿园，有了更多可供支配的自由时光；而事业、生活、人脉、喜好均有了一定的积累，有了更多随心所欲的条件和姿态；她们的伴侣事业多已顺风顺水，为家庭基础提供了一定的物质保障；而双方的双亲大都身体康健，在“上有老”的家庭关系中感受更多的是爱而非累。

总体来说，如果将人生视作一个曲线图，35岁，应是人生综合指数的一个高峰。

从自然生理这条线上看，她们的精力、容貌、健康程度还处于一个相对巅峰；从家庭关系这条线上看，来自子女和父母的双重压力刚好处于一个合适的度上，让她们得以在两重压力的缝隙中放松；而从心灵成长这条线上看，她们的人生阅历、社会感悟均有了一定的积累和沉淀。

或许相较二十几岁的女孩，她们少了些青春飞扬的激情与洒脱；相较四五十岁的熟女，她们又少了些洞穿一切的成熟与睿智。但也正因为此，她们多了些优雅从容，又依然不失浪漫情怀。一切恰到好处，让她们得以游刃有余地穿梭于家庭、事业和生活中。

幸福的真谛总是一样，美好的女人却又千姿百态。35 岁的女人，正用不同的风格，从不同的角度，诠释着各自的美丽生活。

一是事业型女人。在她们眼里，35 岁正是放手干的好时光。这些女人天生属于事业，只有在职场的聚光灯与社会的认同感中，才能真正感触个人的存在与价值。这个年纪，刚好是事业小成又无拖累，真正力能从心的时候。好好享受你的舞台吧，为了梦想，放手干！

二是家庭型女人。对于这类女人，即使再爱家庭，也很容易在洗不完的奶瓶、尿片和孩子无休止的啼哭中，感到迷失甚至崩溃。而从孩子进入幼儿园，逐渐能够在生活与心理上都日渐独立的时候，或许你也可以在琐碎的家务中重新找回自我。喜欢花，你便养花；喜欢音乐，你便去听；喜欢读书就静下来读。闲下来的时候，一切都可以特别美好。

三是乐享型女人。乐享型女人的精髓，在于她们对生活的追求可以简单却绝不能乏味，也只有丰富、跳跃、斑斓多彩、随时切换的生活模式才能真正切入她们的灵魂。“爱折腾”这个词仿佛就是为她们量身定做的，不折腾的人生是不饱满的，所以，享乐型女人，趁一切正有条件折腾，换一种姿态，去感受不一样的生活。

常常听到很多女人才三十多岁就自叹中年妇女，对什么都提不起劲儿，抱怨生活没意思，感叹生活一辈子也就那样了。

殊不知少年轻狂、老年淡然，而睿智的三四十岁是一生中最好的年纪。对于那些热爱生命的人，又美又好的人生才刚刚开始。

生活方式篇

有姿态地去生活

[习惯]

有一种生活魔力，叫每天早起一小时

早晨的世界那么静，这是只属于你自己一个人的静默时光。你甚至听得到自己的呼吸和心跳，这是一个与自己对话的好机会。

有一阵子，我们的作者群里开始倡导一种积极有爱的生活方式，叫每天早起一小时。发起人都是圈子里几个小有名气的作者。早起，是他们过去的若干年里一直在坚守的生活习惯。这些作者，有的是500强里的企业高管，有的是赚钱又顾家的暖男奶爸，有的是家有小娃还一直坚持写作的职场妈妈……此前我一直很好奇，在工作和生活都不耽误的情况下，他们还能保持大量的阅读和高水准的内容输出，究竟是如何做到的？

或者，这每日早起的一个小时，便是嫁接梦想与现实的最近距离。

交谈中得知，这早起的一小时里，他们有时用来埋头书写，让键盘跳跃如弹奏琴弦；有时用来阅读和笔记，边思考边积累写作素材；有时用来打理公众号后台，排版编辑、授权邮件以及读者往来。这一个小时，更像是他们为梦想辟出的自留地，正是这每天的日积月累里，梦想的小花也被浇灌得光彩熠熠。

在他们的倡议下，我也蠢蠢欲动，又有一丝犹疑：“真是这早起一小时的魔力吗？还是一天中任意为自己留白一小时都行？”他们说：“你先早起试试吧，担保你收获远在一小时之外。”

于是第二天，我给自己定了个闹钟。5点起床，万籁俱静。彼时，老公孩子还没有动静，领导同事也不会来找你，小鸟都还没有苏醒，第一缕斜阳也还没来得及照上屋顶。世界那么静，这是只属于你自己一个人的静默时光。你甚至听得到自己的呼吸和心跳，这是一个与自己对话的好机会；整个世界都还在拨云见日，你也在迷雾中问候着世间的另一个自己。

我好像穿上了杨绛先生梦寐以求的“隐身衣”，在这一个小时里，邂逅了城市里的桃花源。我忽然明白，为什么现在城市里开始流行找一个周末住到寺庙里，打坐、听禅、放空、冥想，这种感觉，真是美好又微妙。

我因为自己开始早起，而关注和遇见了一群热衷早起的人。他们不都是如写作者般在为梦想而买单；也不像很多互联网大佬，仿佛与世界抢跑，天还没亮就给自己打了鸡血。

他们都是平凡的大多数，他们在同样的早起一小时里，做着不同有趣的事情。

我的一位老同事，是位标准职场白骨精。她每天早起一小时，只为化上最精致的妆容。她的颜永远一丝不苟，她的文件柜永远繁而不乱，她的手提包像惊喜款的百宝箱，她的工作则一如她的为人和妆容，总有备而来，有条不紊。

我的一位多年之交，从做翻译半路改行做业务。进入新行业后，她每天六点出门，在公司楼下的咖啡馆或麦当劳里，先拿小本子规划好今天要拜访哪些客户，跟进哪些事项，调度哪些环节，路线怎么走最方便，时间怎么安排最合理。一切都胸有成竹了，再从容地用早餐，之后擦上唇彩，闪亮出发。

我的一位新女友，本不是个早起党。前阵子她走在人生的岔路口上，十分踌躇无措。夜不能寐的日子，索性早点起床出门。她看到黎明的微光，忽然揪出了自己心底的潜意识，大步流星地向前走。

我认识一位全职妈妈，坚持每天比孩子老公早起一小时。她变着花样尝试各种有趣又美味的拼盘早餐，然后收拾好心情、收拾好自己，以最美好的状态向家人问早安。

我还有一位大龄单身女朋友，每天早上起来，不但为自己做早餐，还顺带为自己备中餐。每当我们在办公室叫外卖的时候，她默默取出那个写满了营养学的小餐盒。她的每天一小时，只为多对自己好一点。

以前我因工作的关系接触到一群人，他们每天天不亮就到城郊的高尔夫球场打上 9 个洞，在与清晨的对话中，感受着大自然的蓬勃与魅力，也接受着多变与挑战。他们都是人到中年，财富、圈层、状态都走向巅峰的一群人；他们在别人的一天还未开始的时候，就已为自己做好了精力、人脉、生活爱好的多层储备。

……

富兰克林曾说：“我未曾见过一个勤奋、谨慎、诚实的人抱怨命运不好。”

或者因为，从生理学的角度解释，早睡早起顺应身体生物钟和皮质醇分泌（压力激素）规律，以利于消除慢性压力。或者因为，企业家在这里藏了杀手锏，生活家看到了彼岸花，梦想家找到了自留地；思想家看到了小洞天。

能够驯服早晨的人，必能驯服早起的人生！

[圈子]

美好的朋友，能驱散你内心的阴霾

贾平凹说，朋友是磁石吸来的贴片儿、钉子、螺丝帽和小别针，只要愿意，从俗世的任何尘土里都能吸出来。去结交那些你身边更美好、更有趣的朋友吧，他们的明媚，能让你远离内心的阴霾。

这些年每当我觉得低落、彷徨、痛苦、迷茫的时候，总有一个特别简单的治愈办法，就是朝身边的美好朋友看一看。

她们是最普通的人，但却也是有能力在普通的日子里活出不普通生活的人。

朝她们看一看，在别人的生活方式里照见自己，在她们的美好里驱散内心阴霾。

她们究竟是什么样的呢？

有一类女友，不管你什么时候突袭她们家，总能收获满眼的舒展。她们的家中任何时候都收拾得井井有条，不仅如此，那高台上的鲜花、茶几的小件、窗边的细节，处处都让你感觉到，这真是一个对生活充满情怀的女子。

她们有的是政府公务员，有的是女装店老板，有的是写字楼金领，她们不管白天工作多忙、晚上到家多晚，都绝不允许家中一片凌乱，都不会立即“葛优躺”，而是一定会先把家中收拾清爽了，才会洗尽铅华，许自己一小段宁静与安然。她们是事业上很拼、行为上很自律的女子，但也是无论奔跑得多快多远，始终不忘记所有的努力不过是为了好好生活的女子。

有一类女友，你常常看见她们在朋友圈里晒各种美食、喜物、日落、房檐。她们会花小半天的时间，看一杯茶在日落下的倩影、观一炷香在尘埃中的姿态、听一出戏在岁月下的变奏……然后，又悄悄转身离开。

她们喜欢把时间消磨在看不见的地方，甚至是旁人无法理解的地方，日升月沉、云淡风轻，她们看鱼、喝茶、散步、发呆……仿佛在虚度时光，但你却分明看到，那些被虚度的时光，在她们身后，慢慢长出一双薄薄的翅膀。

有一类女友，她们是朋友圈中的女强人和事业狂。她们总能对工作保持着十二分的热忱和亢奋，她们把加班当兴趣、把拜访当学习、把开会当思想洗礼、把困难当挑战未知和遇见惊喜……忽然有一天，她们从幕后奋斗到了前台，她们的名字频频与大咖同现。原来她们一个个都那么美，她们是明明可以拼颜值却非要靠实力，把事业和自己都经营到极致美好的女子。

有趣的是，她们的事业常常和女性主题有关，她们的选择更像是一种天然的召唤。她们是把每一寸时光投入到真正喜欢的事物里，感受着生命小宇宙的激情燃烧，享受着灵魂深处的丰盈和富饶的女子。

有一类女友，她们一生都不太按常理出牌。小时候是周边人眼里的“问题女生”，却在文字里拥抱着来自全世界的暖意；工作时在收获期潇洒离开，不畏从零开始，选择边玩边创业；当事业开展得有声有色，她们又经营起一家爱好的小店，从选址到装潢再到考究的原料，全都不是最赚钱的做法，但却是用梦想勾勒出来的样子。

每一次别人无法理解的选择，她们用一句“我是一枚经历主义至上者”就可以优雅解释。她们追求生命的质感和厚度，她们探寻人生的可能和野性，她们说人生需要有几次“出轨”（偏离你以为正确的生活轨道），因为转变本身，就是人生最伟大的意义。

有一类女友，她们日复一日进行着家中最枯燥的工作，洗衣、做饭、买菜、哄娃，她们没薪水、没休息、没升值空间，但却能在这样的日子里气定神闲、陶醉其间。

她们吃水果会切成好看的拼盘，她们孩子的零食盒里永远是妈妈牌小饼干，她们先生从柜子里拿出的是飘着淡香的熨帖西装，她们的家中布置得像童话王国，偶尔我也会收到她们的微信：“亲，快去买今天菜场的豆腐，质感真是香嫩爽滑。”我佩服她们一块豆腐也能吃出一个天堂。她们自有一种能力，她们的浪漫不在远方，早就把眼前的平淡变成了诗与田野。

……

正如同我们都是主动选择了一种生活，我们其实也是主动选择着我们的朋友。

我喜欢近距离地和她们在一起，也喜欢远距离地默默欣赏着。

她们一人一世界。但都是人格独立、灵魂自由、周边弥漫着恰到好处的荷尔蒙的女性。

她们都自带一种能量场，进入这个气场里，美好很容易被感染，你也会情不自禁地向往美好。

一直以来，我努力探寻着这个世界，究竟有没有一种生活方式，是属于真正幸福和快乐的活法？为此，我翻过很多书、阅过很多人、听过很多故事、研究过很多个例……

后来我发现，大多数人今天的压抑和隐忍，是为了未来过得还不错。可你以为过得已经还不错的，又认为这种生活不是她想要的。一个已然达到物质富足的女人可能因为缺失精神追求而郁郁寡欢，而一个看上去完美的女性，也可能因为在追求完美的路上积累了太多负面情绪，而没来由的身心疲倦、对什么都提不起兴趣。

所以，我们一直都在努力追求幸福，但却没有哪一种人生拥有绝对的快乐与幸福。幸福与痛苦永远相依相伴，它们就好像是一个硬币的正反两面。

但是，一个具有正能量气场的人，却更容易获得相对更圆满的人生。因为所谓气场，不过是那个能与外界进行沟通与交换的能量场。正是她们的美好气场，在为她们带来人生的马太效应，因为本身美好，所以更多美好接踵而来——这种美好很容易形成一种传递和影响。

所以，多去和美好的人在一起吧。

正如同村上春树所说：“你要记得那些大雨中为你撑伞的人，帮你挡住外来之物的人，黑暗中默默抱紧你的人，逗你笑的人，陪你彻夜聊天的人，坐车来看望你的人，陪你哭过的人，在医院陪你的人，总是以你为重的人，带着你四处游荡的人，说想念你的人。是这些人组成你生命中一点一滴的温暖，是这些温暖使你远离阴霾。”

［**聚会**］

再熟的朋友，也请保留 30% 的神秘

圈子维系之妙，在于恰到好处，相处不累。最好的聚会是吃到十分满意，聊到意犹未尽。

这几年，对于各种聚会的感觉，内心真是又爱又怕。

所有怕的原因，均可归结为一点：聚会时间超长。

冗长的聚会背后，往往会发爆发一系列的问题：

首先，意味着必须要找很多话题。挖空心思不断抖包袱，找契合与兴奋点，才能始终好玩不冷场。

其次，可能会吃掉很多东西。为了避免一直傻坐着、无话可说的尴尬，席间常常有意无意地活跃筷子。

再次，破坏彼此间的美好感。本来人与人之间，妙就妙在亲密有间、保持适度的距离感。而一场僵持到最后、百无聊赖的聚会，最破坏美感。

另外，影响私人生活和空间。下班后的时光弥足珍贵，却要被一场加长版的聚会生吞活剥，这滋味，你懂的。

一个多月前，我刚推掉了一场大学毕业十周年的同学会。可能有些同学会觉得我清高孤冷、不近人情。而事实上，我只是仔细揣摩了

一下：如果要赴约，我必须在仅有的三天小长假里，拿出三分之二的时间，和同学们一起住进某个避世远郊的乡村豪宅。

可是，我还想把孩子从外婆家接回，让爸妈也放个舒坦的假；我也想趁机培养下亲子感情，同时陪伴先生；我还有自己的私心，想要看看书、写写字……我若赴约去了，他们怎么办？

再说，我也难以想象，那48小时里，我们拍腻了照片、谈完了话题、叙完了旧情谊、满足了新鲜感，该干什么呢？多半是开始喝酒、发呆、打麻将吧。如此，真能尽兴归来吗？

恰好那阵子，我在读杨绛的书。看到她每年过生日前，都会躲进医院，只为回避探访者，求一份岁月清静。她和钱钟书先生都是不喜欢交际、应酬之人，情愿把时间花在内心认定且更为平静的读书、写字上……

真是心有戚戚焉。

如果那次聚会只安排两小时，我定欣然赴约；可是整整两天，真的只能对不起。

其实，我们不是不需要聚会、不需要社交、不需要圈子。但圈子维系之妙，在于恰到好处、你情我愿、相处不累。

想说说我的一个小闺蜜圈，也差不多维系有十年了。刚大学毕业那会，我们因考入同一家单位，彼此投缘，再加上同一个起跑线、又分跑不同的采访线，而格外惺惺相惜，建立了亲密牢固的友情。

后来，我们中有的跳槽了，有的高升了，有的转行了……大家慢慢分散在了城市的不同据点。但为了保持这难得的友谊，我们立下规矩，每两周必须见一次面。

可为了见面而见面的聚会，没过多久就变了味。我们嚼干了同一家单位里的人事八卦，说完了在新公司里的际遇发现，最后就只剩下：这个看看表，心里想着孩子是否睡了；那个不断地摆弄手机和语音微信，似乎是男友已开着车在楼下接她。

虽然彼此在聚会的后半段里，都明显有些心不在焉、疲惫憔悴，但就是没人提出：散了吧，今天就这样吧。

好像谁先说散场，就是表达厌倦、没有诚意、不够朋友一样。

幸运的是，后来经过不断的磨合和调整，现在闺蜜们的聚会，已进入了一种收放自如的状态。

不会特别约定见面的频次，而是选大家都有空闲、有状态的机会。偶尔有一两人缺席，也大方理解，不必苛求，更不必因此取消了局，给对方压力（真正的聚会，不是靠强硬施压，是因过程本身美好，而让人心之向往）。

每次聚会，吃为第一要义。我们遍寻达人推荐的街边美食，或是凭心情择一家有情调的小餐吧。在味蕾得到充分满足的基础上，情绪也自然更容易调动。

我们聊工作、聊生活、聊家庭、聊娱乐，既是惬意放松，也是怀念叙旧。每个人面对的彼此，更是一部天然的、画面感极强的励志史，我们总能从对方身上找到激励和向上的力量。

最好的聚会是吃到十分满意，聊到意犹未尽。

现在大家似已达成一种共识，9 点之前必定散场。

之后，闺蜜们到了家，通常还可以进行属于自己的夜晚下半场。

热爱运动的做一小时瑜伽，喜欢阅读的翻翻书，有孩子的给他（或她）讲晚安故事，或者只是追追剧、发发呆、放放松。总归可以不耽误睡眠，以愉悦、美好、积极、充足的状态，迎接第二日的工作。

知乎上有一条被很多人广泛认同的简洁人生建议——永远留住 30% 的神秘。包括对朋友，对爱人，对伙伴，对同事。

每次聚会，最好的状态是聊到意犹未尽，让彼此都还有遐想、生活仍留有余地，都能惦念着下一次，为彼此保留这 30% 的神秘。

不仅仅是朋友间的聚会，这两年公务上的饭局和酒会，其实也正在悄悄地往精简化转变。

我之前跟过一个领导，是位特别精通业务的副总裁。

据他说，以前那几年，基本是两天一场大应酬、天天都有小应酬，一场酒局喝到后半夜两三点，简直家常便饭。

后来之所以会有时间跨度上的转变，当然最主要是取决于被宴请一方的态度，源于他们在生活方式或者思想观念上的改变。

在饭桌上聊天，会发现越来越多的精英、高官、媒体人、银行家，都拥有非常健康的生活方式，比如夜跑、晨读，也更热衷陪伴家人。

相对而言，很多人不会像以往那样，大肆灌酒、不醉不归，而是推崇喝好为止、点到为止。

宴请一方，如果看出对方并不愿沉迷饭局，自然有事说事、说完散场，不破坏美感，不虚耗时间。

这种现象的改变，或者也是商业文明和社会进步的表现。

毕竟，像以往那样为了一场酒局，而缓冲十天来调养身体；为了一场饭局，再减肥十天来塑回身材；或者满身酒气，遭家人厌烦，自己也有苦难言。

这又是何必呢？

聚会的最高境界是吃到十分满意，聊到意犹未尽。别一餐饭后，让吃成了彼此的负累。

美与现实生活有一个距离，请为彼此保留 30% 的神秘。

[**房子**]

真正幸福的家，无关面积大小

她买下这套超过他们经济能力的大房子，原本是想着逼自己一把，从此便可晋入一个光鲜亮丽的新阶层。没想到，却进入了一个被物欲牵着鼻子走、强迫你不停奔跑的新阶层。

结婚第八年，芸终于住进了梦寐以求的大房子，人生第一套写有自己名字的大房子。

傍晚，她站在不远处的街口朝那块鳞次栉比的楼区望去，有处灯火阑珊的地方，于她有着莫名的温暖。那是家。

在这个城市里，她苦读四年、奋斗十年，终于有了一处让她心安的地方。她不再是这个城市里的漂泊族，也不用再跟公婆挤四十平的老棚区。

在这个南方的省会城市里，她拥有一处地段不算偏、档次不算低的敞亮四居室。这样想着，她的腰板似乎又挺得直了一些。至少看上去，她已比一般的同学同事要过得更为光鲜。

虽然买房超了预算、背了外债，但又有什么关系呢？在这个城市里，谁买房不负债呢？

住进了一生夙愿的大房子，她觉得自己没有理由不幸福。

搬进去没几天，某日吃完晚餐，芸望着空落落的餐桌陷入了遐想：这样一张当时花了几千元购置的田园风白色实木餐桌，上面应该铺着印有大花朵的浪漫桌布，摆上烛台、红酒，才够相称。

可是眼前，华丽的餐桌上，竟只稀稀冷冷地放了几个从老房子搬过来，一看就是拼凑而成、质地拙劣的破碗烂碟。

不行，实在太寒酸了，芸心想："我们拼命工作、拼命加班、拼命赚钱，不就是为了一家人在华灯初上的傍晚，坐在桌上吃一席温馨且有品质的晚餐吗？"

不行，这钱绝对不能省！况且万一家里来了客人，吃顿饭也露怯和遭人话柄啊！于是芸打开手机、登录购物网站，开始仔细翻找起来。

一番搜索、看评论、查论坛、读推荐，芸一晚上斩获了一套品味与颜值皆备的欧式陶瓷碗碟套装，顺手又收了几个适合做拼盘早餐的手柄锅和沙拉碗。

芸已没有更多存款，于是她一狠心一闭眼，又刷了那张快要爆掉的信用卡。

其实这一晚，芸还淘到了喜欢的高脚杯、烛台、熏香、干花以及桌布。只是，欲念终究不敌现实，她只是把这些东西默默地添加到了购物车。

但一想到未来几个月，要将它们一一实现，再一点点布置上桌，仿佛生活也充满了干劲和向往。

网购完成，时间也已不早，芸准备洗澡睡觉。但她突然想到，浴室里装的这个巨大莲花喷头实在太费水。

如今一分钱都得掰成两分用，于是她用大桶接了热水，随意擦了个澡，然后用剩水洗了随手换下的衣物，再将浑浊的水搁置一角，预备冲厕所。

芸对自己这样省吃俭用又持家有道的方式很满意。她默默盘算着，这样大概又可以省下几元水钱。却早已忘了，当时她咬牙买下这大莲花喷头时，是多么向往电视剧里潇洒、痛彻的洗尽铅华。也浑然不觉得厕所旁那桶浑黑的脏水，和格调清新的白瓷卫生间是有多么不搭。

走进宽大的卧房，芸躺在了那张一米八的大床上，想着以前一家三口小心翼翼地挤在一起时，她甚至一整晚连翻个身都不敢，清晨起来，常常身体僵直，腰酸背痛。

此刻，芸环顾卧室，心里有一丝舒坦。但她更多想着的，是要慢慢为这里添上温暖的台灯、烂漫的壁画，还要给自己添个中式的雕花梳妆台，这是她在乡下还是个懵懂少女时就怀抱的渴望。

一丝压力也黯然袭来。倦意笼罩着夜幕。

为了赚钱，为了还房贷、还朋友的债，还有自己想买的各种小物件，芸开始拼命加班，很多活都主动揽在身上。

可是一晚上加班费毕竟只有几十元，芸又开始托朋友打听，如何接私活，赚外快。

自己忙成这样，老公自然也不能闲着。她开始动员老公在工作之余，也想想法子，比如跑私家车之类。

芸的老公原本是个喜欢宅着的经济适用男，可在老婆的晓之以理、动之以情下，业余的时间都与车为伴，贡献在了城市的大街小巷上。

某天晚上 11 点，忙完公活又忙私活的芸从办公室下班，老公也收车了，来芸的楼下接她。

两人疲惫不堪、车上很少沟通，开了半个多小时，回到这被钢筋水泥包裹的光鲜小区的门口。

可他们“穷酸”的车，是进不去这豪宅的。

当时买房，他们也不是没关注过小区车位。二十万！比他们几万块的代步车都贵上好几倍。

所以他们的车一般都在小区周边，打游击、找空位。可是眼下已接近午夜，人车归巢，万籁俱静。想找个得以停歇的角落，无疑是更难了。

他们不得不多开了十多分钟，才勉强找到一处空位。等走回家，已经过了 12 点了。

芸的老公随手打开了客厅正中那盏奢华璀璨的欧式圆形水晶灯。

芸赶紧给关了。“太费电了，开它干什么。”芸边说边摸黑走过玄关，插上一个小小的节能灯泡。

“明天是周五，晚上我们把孩子接回来，一家人一起过个周末吧。”芸的老公建议。

“不行。”芸斩钉截铁地落下两字。口气随即又缓和了一点，说：“我周末接了个私单，要去辉的公司做两天项目核算。孩子那边，可能还是得辛苦妈了。你也别歇着了，周末用车人多，难得有整块的时间可以赚点钱。”

芸的老公还想说什么，芸马上打断他：“今天物业打电话过来，要收下半年的物业费了。咱家 160 平的房子，每平 2.5 元，6 个月一共是 2400 元。另外，水费、电费都得交了，余量估计用不够一个月。还有这个月的房贷加信用卡还款，一共是 9300 元。另外，我们借小萍的五万，我想争取这个月多少能还点。小萍倒没催，但我听说她公公住院了，正是用钱的时候。”

俩人没再说什么，背对背躺在了那张宽敞的大床上。没有孩子的大床和家，芸总觉得空。

芸躺在床上想：孩子出生后的这五年，一直是跟自己睡，是最黏自己的。也不知现在孩子独自留在奶奶家，还能适应吗？会不会半夜想自己？

芸的眼眶忽然有点湿润，她想起自己当初的梦想：是一家三口其乐融融地在这套大房子里。

芸的老公感觉到了芸的抽泣，没有说什么，只是默默地翻过身，把她抱在怀里。

也不知过了多久，两人守着漫漫的夜，就这样睡着了。

第二天早上，芸 6 点起床。老公已不在家里。给他打电话，才得知他早早出车去了。

芸的眼眶又一次湿润，她记得老公是最爱睡懒觉的，且非常在意个人睡眠。

芸看着复古的餐边柜上一家三口在公园里嬉闹的合照，忽然觉得那种感觉恍惚已是上一个世纪。

她以为正是为了他们，她才咬牙跺脚买下了这套超过他们经济能力的大房子。可是如今，却只有她一个人，在客厅里感受着刺眼的霞光。

一阵急促的电话铃声，将芸从思绪中拉回了现实。芸的老公在电话那头失控地说："老婆，快来，我撞上了一辆三轮车。"

芸赶了过去，还好，三轮车上的两个人看上去并无大碍，只是对方要求去医院做全套检查。另外，作为事故全责的一方，芸的老公还需承担两个车全部的维修费。

当初为了省钱，车是只交了强险的。这次还算万幸，人没问题。

问题依然是钱。

芸匆匆忙忙把被撞的俩人送到了医院，这时又接到了单位的电话。领导在那边厉声咆哮："你去哪了？迟到这么久，居然也没有请假！"

芸还没来得及解释，领导接着吼："我三番五次叮嘱，这次的文件不能出错。这么重要的文件，你居然弄错一个小数点！你知道这影响有多大！"

芸的世界有点天旋地转。她开始后悔，住进了那套像魔咒一般的大房子。

本想着逼自己一把，从此便可晋入一个光鲜亮丽的新阶层。没想到，却进入了一个被物欲牵着鼻子走，甚至得拼命跑的新阶层。

跑得越快，前面的人越多；

跑得越远，越看不见尽头；

跑得越累，越注定会跌跤。

还好，这一跤跌得不算太深，芸还有能力自己爬起来。

后来，芸卖掉了大房子，一家三口住进了普通的两居室。

芸说，她的这一跤换来了两条教训：一、享受生活不是不可以，但享受要跟得上自身的实力；二、欲望不是罪恶，人皆有之，但别让物欲淹没了初心。

[**运动**]

从现在起，培养一个相伴到老的体育爱好

长期坚持一种运动，除了能够让你获得身体的改变，更多的是带来生活方式、社交圈子、休闲品质等方面的意外惊喜。从现在起，培养一个相伴到老的体育爱好，愿你此后的每一天，都是一场美好奇遇。

作为一枚从小的体育差等生，自从告别了校园，我所有的运动几乎就只剩散步和逛街两项。

我还常常自鸣得意，虽然不专业，可毕竟在动啊，活络了筋骨、消耗了卡路里、享受了过程，还不用饱受肌肤之苦。

就这样一晃过了十多年，直到三十好几，我的身体开始出现了一些疾病征兆。

于是父亲大人严肃地找我谈了次话，现身说法："我的身体情况你最清楚。十年前那次心脏手术，像在鬼门关里走过一趟……但你现在看看，冬泳带给了我多大的健康和改变。"

父亲的身体，的确是被50岁后的每日坚持游泳所渐渐治愈的。

可我知道，父亲能够日复一日地坚持一项运动，绝不仅仅是在"健康长寿"四字驱使下，像每日吃药一般的完成任务。

父亲的坚持背后，更是运动所带给他的生活方式、社交圈子、休闲品质等等的良性改变。

他一直是乐在其中的。

冬泳到底是一种什么样的感受?

在不冬泳的人眼里，大概是在瑟瑟的冷风天里，脱下一件件赖以取暖的衣物，一头扎进那冰冷的水中——各种虐极。

可只有冬泳的才知道人，那是身体投入大自然后，一种极致的彼此征服与深度合一——痛快淋漓。

且父亲一类的爱好者，他们一跃而入的，从来都不是26度的室内恒温泳池，而是真正的江、河、湖、海，贯穿着每一个春、夏、秋、冬。

这几年不少城市里为了支持这样的泳者，都会在江边、河边划定出专用区域。他们背上统一的漂流袋，三五结伴地寒暄热身，之后以一道优美的弧线跃入水中，仿佛开启了这一天最有活力的清晨。

冬泳的人多了，他们便渐渐自发地成立了城市里的冬泳协会，推举了会长和秘书，缴纳了会费。

从此，不仅有了每日清晨里彼此的问候与微笑，还有了每月几次的聚会与相约；更有了集体组团去另一个城市里的旅游与踏青，顺道与那个城市的游泳协会和泳友们相互切磋与交流。

这些年来，父亲收藏的各地游泳联谊的纪念奖章竟有23枚，他和他的中老年泳伴们，渡过长江黄河、跨过名山大川，也趟过绿水小溪，更以游泳之机，游历了祖国的千山万水。

父亲说的没错，这几年的他，早已不是那个手术过后，吃啥啥不香、看啥啥不对、身体特脆弱、情绪特敏感的“怪老头”了。

他成了一个真正去体会世界无限大、生活无限美，把每一天都活得热情澎湃、活出一个新自己的“无龄感先生”了。

运动，仿佛将他的人生从残烛之势拽了回来。

此后的每一天，都是一场美好奇遇。

你有没有想过，有一天当你老了，剩下大段的闲暇时间，可以做点什么来继续享受美好的生活？

或许，一项热衷的体育运动，也可以帮你找到老年的支点与延伸。

“百马大叔”田同生正是如此。

我第一次接触田大叔，是在父亲影响下带着孩子参加了一次亲子户外跑运动。这位田大叔正是领跑人，之后，他回室内又进行了一场小型的户外跑分享体验，同时送给了我们每人一本他写的书，书名正是《百马人生，从55岁开始》。

摊开书来，原来这位田大叔也曾经是上学时的体育补考生、职场上的啤酒肚，因为一次攀登夏邦马峰，距离顶峰只有500米时，严重体力不支被迫放弃。为了实现登顶愿景，他才跑步以锻炼体能。

可是，跑步这件事，竟然如多米诺骨牌，给他55岁开始的人生，掀开了翻天覆地的变化。

首先是身体和体能上的变化。从55岁时始终无法突破2公里的瓶颈，到61岁时完成了世界马拉松的大满贯……啤酒肚没了，取而代之的是人鱼线和六块腹肌。

继而他找到了新的志趣和爱好。从室内跑步机发展到户外跑，再到开始挑战半程马拉松、全程马拉松。“跑马”的人喜欢征战不同城市、不同国家，马拉松跑友们常常会在相同的时间相聚在不同城市的相同赛道，他们以脚步丈量各个城市的风土与面貌。

同时，他在跑步中不断体会和感受着人生。他说跑步就是一场修行，每个人都在跑步中不断超越着自己，哪怕只是一点，也尤为重要，因为那也是在不断突破自己的认知和局限。

他甚至在55岁后找到了自己的人生新方向。他成为一名“百马推手”，倡议“以马拉松的名义去旅游”，不仅自己参与，还推动越来越多的普通人跨出国门去跑步；还推动万科、联想、中国建筑等数十家中国企业开展绿色企业跑。

与此同时，他出书、演讲、拍纪录片……跑步为他开启了生命在55岁之后，从未设想过的另一种可能。

可如今他说："我的跑步故事，才刚刚开始呢。"

从我父亲一类的冬泳者到田同生一类的跑步者，他们运动的初衷，或许都是为了身体而打响的保卫战，而运动的坚持，却俨然成了晕染出美好生活的调色板。

所以，从现在起，都去培养一项相伴到老的体育运动吧，不管是游泳、跑步、骑行、登山、太极，还是其他。

它可以让我们在终于不用坐班打卡后，通过一项运动结识一群志同道合的玩伴，形成一个更大更有趣的圈子，让每天的生活依然有所依、有所盼、有所乐、有所获。

即使你已经规划好老年生活即是周游世界，一项运动也可以让你在这之中获得加倍的幸福和感悟。

更重要的是，它让我们从现在起，有资格也有条件地健康活着或者老去。

[**消费**]

买买买？好好好！

男人和女人的消费观，如果换一个角度，根本全无分歧和冲突。

1. 把选择权交给女人，消费往往返归理智

大概半年之前，我决意换一种生活方式，就对我先生说：“我想把工作辞了，试试专心在家看书写稿。”

先生说：“好。”

接着我又说：“为了效率，我想更新下设备，得买台新电脑。”

先生说：“好。”

我在商场逛了一圈，一眼瞄中一台“小白”，想着就它吧。

先生说：“好。”

于是，有了现在每日泡在图书馆里，看书写作、过得倍儿充实的我。

结婚八年来，先生一直是朋友、家人眼里的“好好先生”，而作为他的夫人，我最直接的感受竟是，他从来不吝啬对我说“好好好”。

这几年吃的、用的、穿的，我一直处于一个比较富足的状态，对于各种想买的、讨好自我的小物件，下起手来也很是潇洒痛快。

倒不是因为家里的物质条件有多好，而仅仅在于家里的这个男人，对你的精神支持有多高。

不仅消费如此，生活也是。

从餐厅点菜到假期出游、家居装潢等等，先生总是说："老婆说了算，跟着老婆走，老婆你做主。"

因为先生身体力行地坚决拥护我这个家庭女主人，这8年来，我们的日子恩爱和睦，吵架的次数不超过五个指头。

前几日，我正清理换季时的衣物，拎出一件睡衣，觉得不再可爱，就半开玩笑地问："这睡衣是不是太不衬我气质了，得买件新的。"

先生抬头看了一眼，毫不犹豫地说："想买就买。"

说来也怪，有些需求在心理上得到了言语安抚和满足后，我竟迟迟没有行动。

我再次打量这件睡衣，虽然挺显胖、不够美丽，可它既没破又没旧、穿上去还很温暖，我为什么一定要换呢？又不是钱多到没处烧。

许多次我发现，当男人说"好好好"后，女人的视界豁然开朗。

把购物的选择权真正交到女人的手上后，她反倒会平心静气地以家庭女主人的身份重新抉择：我是不是真的需要？家庭的收入是不是与消费相当？我是否把太多的消费聚焦在自己身上？

于是无数次，我既省下了这笔消费，又承了先生的情。

家中自然一派祥和、皆大欢喜。

2. 多少女人"买买买"，只是一时的置气和反击

我想起了我的一位女友，我俩常常结伴去逛街。而她家的画风常常是这样的：

某日对镜垂怜，她问："我是不是该换个发型了？"

她的丈夫答道："折腾个啥？这几年换来换去，真没看出多大差别。"

某日准备赴一场约会，她问："这几身衣服是不是都显老了？"

她的丈夫怒道："一柜子衣服！怎么总挑不出能穿的？再说见个熟人，你矫情啥？"

某日她又问："我都快成黄脸婆了，是不是也该买点高端护肤品？"

她的丈夫着急地说道："那些所谓大牌就专门哄你们这些天真女性！有钱还不如给闺女报补习班去。"

于是乎，这姐们儿常常暴跳如雷地给我打电话："走！逛街去！购物去！刷卡去！"

和她一同进了商场，发现购起物来果然豪迈。

一边买买买，还一边解气地对我说：

"哼！凭什么不让我买！当我是只会洗衣做饭的老妈子吗？

"再说又不花他的钱，我所有的消费，每一分每一笔，都完全可以自己独立！

"我就是要让他知道，问他仅表示尊重，决定权在老娘自己手里！"

这姐们儿常常洋洋洒洒地豪买若干衣服、鞋袜、晾衣架、马桶刷，大包小包示威般地拎回家，可每每过不了多久，我又能接到她的电话：

"喂，上次咱俩上街一起买的那条红裙子，你喜不喜欢？喜欢你抱走，我穿确实不好看。以后你要有不喜欢的，你再塞给我，咱俩交换。"

看来，冲动之下所购之物，往往并非真正心仪。

花的是钱，解的是气，可买回来的却是冤大头。

在这场夫妻二人消费观的博弈中，丈夫的"NO"反倒成了催化剂，以致夫妻皆败，赢的是商家。

有天我这姐们儿鼻子一酸，对我说："男人都是蠢家伙！"

多少男人不知道，很多时候女人传达出想"买买买"，其实只想要男人一句软话、一个态度、一种"老婆开心抵万金"的万千宠爱。

当男人真诚对她说："喜欢就买吧。"天不会塌，家不会垮，腰包更不会从此干瘪。

因为那个真正爱他的女人，会在爱里时刻谨记：自己是母亲、是妻子、是女儿、是儿媳、是家中的女主人，需要用心去经营着一个家。

由此，让她真正愿意花钱买下的，大抵是生活所需或品质之物，却绝不是因一时跟男人置气而犯下的二。

3. 小消费是生活，大消费是策略

和我家这位“好好先生”在一起久了，却也渐渐琢磨出了另一规律。

比如，有段日子我眼馋别人家的大房子，在他耳边念叨：

“要不咱也买套大的吧，贷贷款、借借钱、勒紧裤腰带，反正房子总要升值的。”

说完没几日，先生竟真的开始带我探楼看房；与此同时，案边还多了几本书，买房、理财、投资之类的。

我暗自得意，甚至开始筹划着新房的装饰。

几个月后，先生果然妥妥地交了钱、签了字。

但是，却绝不是我心心念念的大房子，而是一套比现在住房还小的两居室。

拿到钥匙那天，先生说：“养着这套小的吧，如果运气好，几年后说不定真给你变个大的。”

我斜他一眼，心想这男人平时看着挺大气，可到了关键时刻，还不是恢复理科生的实用主义。

当然，我却也不是不能理解，如此曲线救国，自然不用砸锅卖铁，生活品质也不至于一落千丈。

但我还是忍不住调侃，说：“你这人够精明的。平时小钱都让我做主，等用到了大钱，才知道谁是大权在握。”

接着又忍不住和他探讨：“这些年零散花掉的小钱，如果都积攒起

来，也相当可观了。这你咋不管管？”

他想了想，说：“小消费是生活，大消费是策略。”

小消费是品味、情调、快乐，当然可以随性一点，赚钱不就是为了生活得更好吗？

而大消费是家庭投资、长线规划、理财策略，讲究的是平衡和收益，说到底，不也是为了让生活更好吗？

前者是对眼下生活的犒劳；后者是对长远生活的谋划，它们根本殊途而同归。

为了把眼前生活过好并循序渐进地更好——

如果站在这个角度，男人和女人的消费观，其实根本全无分歧。

那么基于这样的出发点，一个真正温暖、向上、积极的家，需要女人的小情怀，也需要男人的大智慧；需要眼下的小生活，也需要长远的大策略；需要夫妻俩拧成一股绳，向着远方奔去……

而唯独不需要的是，彼此的算计、分歧、对立和博弈。

[一个人]

像他明天就来那样期待，像他永远不来那样生活

想在婚姻中当一个骄傲的公主，不是低下头去嫁一个卑微的男子，而是抬起头找一个真正的王子。

我有一个女友，体貌端庄、个性大方、家境尚好、为人努力而诚恳，唯一有点扎眼的是，被扣了一顶特大的帽子——海归女博士。

这年头女博士已被归为异类，更何况是以优异成绩毕业于海外名校的"骨灰级女博士"。此帽子一戴，等于贴上了古墓派、第三人类、灭绝师太等华丽的标签，即便看上去再正常不过，也让人退避三舍、敬而远之。

女博士年方二八而学成归国，带着一路厮杀学场笑傲群雄的姿态，甩开一票白种美男心驰神往的目光，清清雅雅地择了座小城，立了业、安了居。

自从她回国的那一刻起，身边的闺蜜好友、邻居家大爷大妈、办公室领导同事，全都默契而热心地操心起她的婚姻大事。不断有人向她推荐：

"有位小伙不错，刚博士毕业，与你相当。"

"我新发现一个优质男，居家、沉稳，家境也不错。"

“这回物色了一个阳光大男孩，身材巨好，斯文儒雅。年轻有为又热爱生活，这个你一定会喜欢。”

……

听上去总是很美，然而所有的优渥条件背后，总还藏着那么多转折。介绍人总在热情洋溢地数完优点之后，话锋一转：

“但是他身高差一点。”

“但是他为人木讷寡言。”

“但是他学历比你低点。”

总归有个似乎可以被忽略的缺点。但是这些年来，给他介绍的女友也不少，却不知何原因一直没成。

女友活到这般境界，自然理解人无完人的旷世真理，也可超然脱俗地忽略所谓的硬性条件。她乐于给自己和他人多一个机会，“就当多认识个朋友呗”“就当多见识下生命各态嘛”。

遥想女友出国之前，身边的富二代、高知暖男也算比比皆是；出国那几年，金发猛男追随身边，也算风光无限。

哪知几年过去，知识更多、学历更高、眼界更宽、心智更成熟，找对象倒真成了难事。

“还真不是我挑剔，更不是我高傲，”女友掏心挖肺地说，“而是若没遇见对的那个人，即便你愿意放低身段、委曲求全，对方却仍心存疑虑、却步不前。”

女友说，前阵子她谈了一段非常狗血的恋爱，即便她甘愿下嫁，对方却怯懦犹疑，根本没法抬起头来，跟她大大方方爱一场。

痛心疾首后，她大彻大悟，想在婚姻中当一个骄傲的公主，不是低下头去嫁一个卑微的男子，而是抬起头找一个真正的王子。他有自己的一方天地、有自己的山河梦想，更有 HOLD 住身边女子的能力。只有这样的男子才能与你比肩同行、琴瑟和鸣。

道理说起来简单，现实中这样的男人凤毛麟角。

女友两年多来阅了不少男人，阅着阅着就跃入了三十的门槛。周遭牵线的热心人开始渐渐冷却了，青春年华也在悄悄消逝了。有人说起她，总一脸叹气加惋惜。女友却像没心没肺的人一样，不急不慢、兀自精彩。

每每给女友打电话问候或观测其朋友圈动态，逢假期，她不是跟一帮驴友高山露营，就是跟母亲如姐妹花般携手同游；逢周末，她不是在学跆拳、舞蹈，就是在去练瑜伽、打咏春拳的路上；平日里上班，她也不甘心做一个平庸的代码族，而总是不断地写稿子、投期刊，接踵而来的是各种学术会议和出国交流。

女友向来不是单身主义，她对美好生活和家庭婚姻的向往如所有传统女子一般。但在遇到一个 HOLD 住自己的男人之前，必须先 HOLD 住自己的生活。单身就单身，没啥了不起。

心态可以更开放，但眼界不能更低。一个人最好的姿态，一定莫过于此。

［**朋友圈**］

大胆晒出你的幸福

你拎出什么样的生活细节，生活就会变成你特写出来的样子。

几乎每个人的朋友圈都有这么两类人：

一类不管遇到点啥事，总是特别激动地晒出幸福。比如，先生下班回来的路上，顺道带了一盒她素来喜欢的点心，那必是要各种摆拍以及大晒恩爱；

朋友从外地给她寄了一盒当地土特产，那必须要在朋友圈高调感怀，“一份多么美好的牵挂与惦念”；

接娃回家的路上发现一簇小野花，她也能瞧出与众不同的好来。手机一顿咔咔咔，回家晒娃又晒花。

另一类呢，则常常在朋友圈各种地狱式吐槽。比如，老公信用卡还款晚了几天，由此影响到房贷比率，她炸裂并暴诉朋友圈：我家养了位大爷，他心里就没有这个家！

孩子生病上医院，当娘的心急如焚、寝食难安，当爹的居然一切照旧，没事人一样。她的心瞬间冷到谷底，哭诉：娃可怜、爹自私，凡事都是老娘一人的！

婆婆做饭，若是哪天没有考虑南方儿媳，居然在菜里放了糖！顿时胸闷气短、怒火中烧，问题越想越升级，心情越想越悲凉，赶紧晒个圈圈喷死她。

我的女友A和B，绝对是类似典型。

如果单看俩人的朋友圈，真觉得她俩一个生活在天上，各种美满幸福甜如蜜；另一个生活在地下，各种心塞阴冷负能量。

但如果离她俩再靠得近一些，就发现俩人的家庭工作、生活现状又都十分近似：

都是婚后两三年，双双父母尚在，襁褓幼儿可爱；也都是职场小中层和家庭中坚层；也都有房有车有贷款，具备一定的物质基础和精神追求；都拥有各自的幸福点滴，也都遭遇着生活里的一地鸡毛和心力交瘁。

所以我一直认为，俩人的区别，最多就是表象上的不同，而绝没有质的不同。说到底，不过是一个喜欢晒幸福来增加感受，另一个喜欢晒惨以发泄不满。

然而她们之间的差别，开始出现在婚后第五年。

首先是容貌上的变化。

素来有颗少女心的A，虽已三十好几，看上去依然十分少女。皮肤粉嫩、气色尤佳、面部柔和。和她聊天，还能见其脸上闪烁着少女般飞扬的眼神和天真烂漫的神采，让人艳羡。想必在家中，一如少女，受到很多照顾和宠爱。

B呢，已然朝着中年大妈的方向奔去。脸色黯淡偏黄，眼角藏着鱼尾纹，眼中透着一丝凌厉。穿衣不太讲究，款式走宽松闲适风，动辄撸胳膊挽袖。讲话更是粗嗓门。

俩人的家庭也正在发生变化。

A的老公，无论做了什么新菜式、买了什么小礼物、干了什么家务活，都收到老婆诸如“哇，你真棒！我很幸福”的盛赞，由此也更加殷勤、体贴、宽容，夫妻俩的生活目标和日常种种也磨合得越来越同频。

B的老公呢，在老婆“你反正什么都不管”“你就是个甩手掌柜”“看看别人家老公”等诸如此类的语言定性后，几乎离家庭更远，夫妻互动更少。偶尔她老公也像别人家老公那样，立刻被她的质问“你莫非干了什么亏心事”，瞬间击退了热情。

她们的孩子也体现出差异。

A的孩子是那种典型在表扬下长大的孩子，在妈妈和颜悦色的爱与鼓励下，性格开朗大方、自信勇敢，也像妈妈一样积极有爱。B的孩子则反之，相对胆小腼腆一些，看上去总略有心事。

我惊觉她们的变化。同样的婚后生活，相似的起步基础，差异竟是如此之大。尤其不可思议的是，A的生活，正向着她想象中所构建的、朋友圈里所描绘和特写出来的样子走去；而B的生活，也开始真正朝着她在朋友圈所常常吐槽和控诉的模式发展。

为何拎出和放大不同的生活细节，生活的走向却差异如此之大？

A和B的故事，也绝不仅仅是个案。

美国著名的心理学家罗森塔尔曾做过这样一个试验：

他把一群小白鼠随机分成两组，并告诉一组的饲养员：这组老鼠非常聪明；同时告诉二组的饲养员：这组老鼠智力一般。几个月后，教授惊讶地发现，一组的老鼠竟然真的比二组的变得更聪明，它们能够在实验中率先走出迷宫并找到食物。

同样的实验切换到人类，结果也是一样。

罗森塔尔教授在一个班里随便走了一趟，然后随便圈了几个名字，告诉他们的老师说：这几个学生智商很高，很聪明。过了一段时间，奇迹又发生了，那几个被他选出的学生真的成了班上的佼佼者。

这便是著名的罗森塔尔效应。这条效应的背后，一次次被验证着——暗示（包括语言暗示、心理暗示等），就好像是一根神奇的魔法棒，在我们的生活中发挥着不可思议的影响作用。

妈妈对孩子寄予厚望、积极肯定，对家人温柔鼓舞、言语滋润，对生活报以微笑、常诉憧憬，那么生活也会对她微笑，还以温柔。当一个人总是传递积极美好的信号，身边的人、事、物，也会朝着她期望的方向发展。反之，当一个人传递消极的情绪，也会成为一种暗示，让自己和身边的人自暴自弃，放弃努力。

不久前也曾看到过一条类似的心理学理论：每个家庭都有自己的一套潜规则，妈妈一定是这个潜规则的重要制造者。女主人的情绪和语言会投射到家庭成员中，从而对家人的行为和感受产生控制，长此以往，形成规则，产生巨大的能量和影响。

回到我的朋友 A 身上，喜欢晒幸福，这事本身不足为道。但喜欢晒幸福的人，通常也是更加热爱生活的一群人。她们是美好生活的发现者和歌颂者，她们更善于挖掘平凡日常里的美丽点滴，并以特写的方式加以感怀，她们天生更乐观，也更积极，是天生幸福感更强的一群人。

或者可以这样说，我们每个人的生活就好像是一张写满酸甜苦辣、五味俱全的黑白素描。你用彩色笔特别勾勒出哪一部分，哪一部分就会成为你生活最明显的样子。

［办公室］

和你不喜欢的人，一语泯恩仇

“多理解，大家都是为了工作。”此话说完往往有四两拨千斤、一木支危楼之功效，能把对方的情绪瞬间归于平和。主要原因大概在于，大家都是职场聪明人。这种博弈不过是为了达成更好的共识，更好地推动工作。

所有的职业里，我曾经认为，摩的司机大概是这世上最不受人待见的。

原因在于，比如我正急着过马路，看到有摩托车疾驰驶来，我下意识地避让。可摩托车却越开越慢、越开越慢，直到稳稳地停在了你的面前。“姑娘，你坐车不？”他问。“去！我真心着急过马路。”我在心里答。

或者更无奈的是，我本来只是一个人默默地在路边行走，一辆摩托车却在背后尖锐地按铃。我猜可能是：他有急事？我挡了他的路？我有被他撞到的危险？于是赶紧避让并回头，原来，他只是想问我要不要搭车。

我想我并不是一个嫌贫爱富或有职业歧视的人，但摩的司机这样拉客的方式的确让人惹火，让我有种屡屡在马路上被戏弄的感觉。

可是直到有一天，我发现一个朋友的爸爸正是一名摩的司机，而这位朋友正是我们身边的一位励志小伙。他以优异的成绩毕业于名校，被系主任推荐到本地的一家500强企业，在工作中也勤勉努力、与人为善，所以他很快当上了项目负责人，有担当、有决断、有干劲，年底的时候，他所负责的项目成了公司成长力最强的项目。

有次他在一个分享会上提到了自己的父亲，农民出身的父亲没读过什么书，唯一的期望是儿子能好好读书，让知识改变命运。

可读书就意味着超过这个家庭所能负担的高昂学费，父亲没什么别的技能，在农村种地也不足以支撑越来越高的学费。听人说在城里开摩托车拉客是个赚钱的办法，于是琢磨着去学了摩托车，又东拼西借地买上了一辆，就这样在城里安了家，也让儿子接受了更好的教育。

摩的司机想要多赚钱，只能靠一单一单地多拉客。对他们来说，早出晚归、风餐露宿、严寒酷暑都不当回事，更别说会在乎路人甲偶尔投来的嫌弃目光。

换一个角度看世界，世界果然就变得不一样。

站在我这位好朋友的立场去看，我忽然觉得摩的司机也没那么可恶。他们高声鸣笛，无非是想引起你的注意；他们拼命拉客，无非是为了多赚几个钱；他们知识不多，在当时也不完全是他们的错；他们依靠自己的劳动力去赚钱，心安理得又有何不可？

有一句话真是能化解世间的很多怨恨：无非都是为了生活，大家都是在工作。

作为一枚在职场混迹了十年的“老鸟”，我也曾把这句话运用得炉火纯青。

某次乙方公司为我们提供了一个技术解决方案，评审会上，乙方十分自信，认为经过他们的各种斟酌已把各个环节考虑成熟。可是，以我们的行业经验，有几个涉及客户体验度和信息安全的问题，必须推倒重来，再次优化。

乙方摆出行话：没有哪个软件在一上线就十分完美，都是不断升级、不断改进！

可我们也必须坚持：事关产品品质和品牌声誉，自己这关都过不了，又如何面向市场？

双方各执己见、争论不休，有点剑拔弩张，气氛不太融洽。尽管结果当然是按照甲方要求的来，但乙方的脸色难掩愤愤不平和被逼无奈。

为了不打消后续他们的工作积极性，会后我递过一杯茶，以和缓的口气说："多理解、别介怀，大家都是为了工作。"

类似的语境在工作中还有很多。

当我跟供应商反复压价、压时间时，当我跟媒体沟通新闻稿角度有偏差时，当我跟竞技同行在会场狭路相逢时，当我为了项目的分工而跨部协调时……每每出现不和谐、不愉快，双方争得脸红脖子粗时，争论过后，我总会适时补上一句："多理解，大家都是为了工作。"

此话说完往往有四两拨千斤、一木支危楼之功效，能把对方的情绪瞬间归于平和。主要原因大概在于，大家都是职场聪明人，都能理解站在不同的立场、为了各自的职责，职场中本来就存在各种博弈。这种博弈不过是为了达成更好的共识，更好地推动工作。而既然是为了工作，又何必伤及个人感情。

我并不是每一次博弈都会赢，但我必须在争论过后继续做好我的工作。明天，我可能还需要你的帮助；未来，你也可能会需要我的支持。

你我都很明白这一点，所以，我们多么需要一句话，来一语泯恩仇。

从职场周边到生活八面，宽容地对待这个世界。换一个角度看世界，世界就会变得不一样；理解你不喜欢的人，你也将得到更多包容。

岁月成长篇

活出自己的独特魅力

[居家]

一个女人的家，就是她的智慧与修养

不管生活是怎样的，日子是自己的。保持家中干净，是为了赏心悦目，更是为了养成一种好的生活方式和思维习惯。严格要求自己，也是对生活品质的不将就。

冬至那晚，半夜接到女友电话，原来她一个人在酒吧“喝高”了。

我这女友三十二，是一个六岁大宝和三岁小宝的妈妈。我赶去酒吧，问她：“今天怎么有空一个人买醉？你那俩娃呢？”

她说：“被我强塞给婆家了。这日子过得太憋屈，今天非得给自己放个假！”

我开车送她回家，一路上听她絮叨：自从生了二宝后，辞去工作全职带娃。三年多来，婆家的帮助始终有限，老公的加班始终频，她自认把所有的时间和精力都投给了小家……可现在，大宝刚上一年级就学习吃力、小宝脾气暴躁且动辄生病，婆家怪她辞职也带不好俩娃，老公怨她不工作也照顾不好这个家。

女友哀怨地问我：“到底是哪点没做好？自己明明那么努力、拼命付出，为什么事事没有成就？我的人生就是大写的两个字：挫败！”

我见她已是半醉状态，也没太多答话。只管专心开车，任她自说自话，发泄情绪。

我扶她回家。走进门、打开灯，差点没被眼前的状况吓倒。房间像被打劫一般，右边的客厅里是满目狼藉的玩具、书籍、零食、手纸；右边的餐厅里是未清理的碗碟、摊开的少儿画报、喝了一半的红酒和搭在餐椅上的一摞衣服围巾包。

我想起女友大婚时我第一次走进她的家，这里处处写满温情、浪漫、富贵与品质，转眼七八年，真是恍如隔世。

我在她的大床上，从一堆衣服袜子旁，给她扒拉出一个空位。又给她先生打了个电话，得知他已在加班回来的路上，就先回了家。

第二天上午，我一早敲开她的门，叫醒睡眼惺忪的她。一边安顿她吃早餐，一边安抚地说："知道你的不容易，可咱日子还要过下去不是？来，咱们白天做个彻底的大扫除，把你这"富贵狗窝"清理一下，晚上开开心心、神清气爽，接俩娃放学回家。"

一个女人的房间就是她的生命状态。

我陪女友收拾房间，一方面是因为她的家中实在太乱，影响一家人的居住心情；另一方面是想通过与她共同清理房间，梳理家庭问题，找出病灶所在。

问题也确实很快突显。她家最多的零碎物品就是俩孩子的玩具，差不多装了十几个大的整理箱。我能想象，俩孩子回家后"哐！哐！哐！"将一箱箱玩具翻腾出来时，收拾得再干净的家，也立马成了硝烟弥漫的战场。

我说："把这些玩具清一清吧，要是我，最多留两箱。大宝一箱，小宝一箱，剩下的统统处理掉。"

女友大惊道："处理？你知道这有多贵吗？他们的玩具要么进口、要么海淘，在孩子的消费上我向来不吝啬。"

我说："你常怨俩孩子毛病多、不好管，其实就和你这杂乱无章的房子一样，它们暴露的问题，多半是你日常生活、行为习惯、思维方式的真实反馈。”

我继续解释：“你以为玩具多是富养？是好事？第一，这并不利于培养孩子的专注力，孩子的心智还不成熟，留有余地只会让他们左顾右盼；第二，不利于培养他们形成珍惜、节俭、竞争、争取的品格；第三，也不利于他们在一项玩具上进行深挖和创造。

“再说，一个堆满旧物、杂乱无章的家庭，怎么培养一个自我管理、勤讲卫生、热爱生活的孩子？

“另外，你先生每晚加班回来，看到凌乱不堪的一幕幕，怎么有好心情与你对话？怎么感受你的体贴、付出与能力？”

每个女人的家，都是自己的一面镜子，投射出她的精力、信念、喜好与气质。

一个人的阳台角堆着很多的空花盆，说明对喜欢的东西也不愿花心思经营；

一个人的厨房里有不少跟风买来却闲置的机器，说明遏制不住自己的情绪化；

一个人的橱柜里是三年也用不完的洗发水，说明对物质的占有欲和囤积欲；

一个人的卧室里是四处散落的衣服和乱糟糟的被子，说明过日子慵懒且随意；

……

想改变这些外在的形象似乎不难，难的是改变一个人的观念和习惯。

很多时候，我们一边在生活里任劳任怨、疲于奔命，一边却又随心所欲、不思改进。

难怪我们活得这么累。

真正让我们疲惫的，从来都不是生活本身，而是一个人的生活态度和思维方式。

一个女人的家，就是她的智慧与修养。

我所认识的女子里，那些活得明媚舒展、极少抱怨的，多半也是擅长家务和经营生活的高手。

我的一个公务员姐姐，任何时候到她的家，永远是清丽明亮、整齐优雅；就好像任何时候看到她的人，永远是妆容精致、光彩照人。这位姐姐无论多晚到家，都会先打扫和整理，再娱乐和休息。她说，这不仅是一种习惯，更是一种追求与享受。让身边的一切都变得井然有序，才能让自己在杂乱的局面里真正放松与呼吸。

我的一位中学老师，她随先生二十几年居住在一栋老的单位楼里。虽然外墙满是斑驳与印记，但室内总是芬芳与宁静。最令我佩服的是，他们家居住了二十几年，却始终像新搬来一般通透素简。他们的家什少而精，拥有大面积的空间留白。老师对物质的需求并不高，但对生活却讲究一份自己的品位与格调。

我还有一个女朋友，孩子将上小学这年，她在家中“大动干戈”。把原来的电视和电视墙改成一面大大的落地书架，把客厅里的茶几搬走，搬进一个长长的工作桌。原来他们一家的晚间固定节目是电视、沙发、葛优躺；现在他们一家都在这张桌子上读书、写字和画画。孩子独立写作业的时候，他们夫妇也可以筹备自己的职称考试。

一个有修养的女人，懂得永远保持着家中的干净与体面。

一个有智慧的女人，懂得把家经营成一个正向的能量场。

一个真正美好的家，就和我们的生活一样。需要你花时间整理，也需要你花心思维系；需要你不断地纳新，也需要你勇敢地舍离；需要对生活充满热忱，也需要对欲望有所节制；需要扔掉悲观、抛弃陋习，也需要为其注入新的能量与暖意。

［谷底］

在艰辛的岁月里，优雅地照顾自己

再高贵的人生都有心酸落魄的时候。聪明的女人，始终给苦留一个出口，给甜留一个入口。

好朋友琳，工作于一所全国闻名的985高校。

很多人羡慕琳，工作体面，有固定寒暑假。就连整个人的气质和谈吐，也被工作滋养得光彩照人。

可琳的工作是院长秘书，天知道这份工作有多辛苦。

院长一般八点左右抵达办公室，琳每天七点半就会准时到达。简单整理、刷杯煮水、泡上一壶温润的正山小种，再把当天要用到的文书、眼镜、药品，一一放至院长桌边。

院长出差，琳要跟着；院长开会，琳要候着；院长应酬，琳要陪着……就连院长稍事休息的时候，琳也要负责在外应对来访者。

一天繁重日程下来，往往已经是晚上九十点钟。琳回到家里，不但随时准备应对突发事件或短信传唤；还要自行加班两三小时，整理好当天记录和票务数据，安排好翌日行程和资料储备。

虽然工作于高校，有固定双休和寒暑假；但身为院长秘书，琳的工作日休息时间，绝不超过每日七小时。

但每次在任何场合遇见琳，她永远是精力充沛、妆容讲究、笑容满面的样子。

我曾特别好奇琳是如何在这样的工作里，还能将生活收拾得美好体面。某次和她聊及，才知她的生活习惯。

琳每天五点半起床，叫醒她的，不是手机自带的聒噪铃音，而是五天不重样的悠扬钢琴曲。琳姑娘起床后，先煮上一锅养颜养胃的胡萝卜玉米汤，再去浴室里从头到脚洗个淋浴，以保障作为秘书一整天的精神昂扬和神采奕奕。

待梳妆打扮一切就绪，汤也好了。琳还可以从容地在餐桌上品味一锅“红情黄意”，带着从心底溢出的能量与暖意，闪亮出发。

琳说，五年前刚入职的时候，面对排山倒海而来的工作，也曾鸡飞狗跳、束手无措，数度想过逃离，后来想想哪一行都不容易，就试着向前任秘书和资深达人取经。

秘书的工作要点就在于照顾和整理。于是她渐渐学会在盘根错节的事务中抽丝剥茧，化狂风骤雨的局面为月朗风清。而想要在千头万绪中找到出口，首先得学会在复杂的环境里照顾好情绪和自己。

琳会在早晨给院长泡上一杯红茶的同时，也就着烧开的热水，给自己泡上一杯玫瑰柠檬茶。甚至会驻足一两分钟，看着紫色花苞在青花瓷杯里，一点点晕开和绽放……

院长开会的时候，她会在对工作了然于心之后，站在清朗的窗口，欣赏着不同城市不同高校的银杏和梧桐；也会与早已熟识的秘书同行们，交流工作心得，谈论生活各面。

晚上加班的时候，琳一边敷着面膜，一边点燃一支安神的老山檀香，在宁静的夜里听着键盘敲打的声音，享受一种难以言喻的工作幸福。

所以，琳的肤色看上去总是红润，气色始终上乘，精神依然昂扬，穿戴始终考究，更重要的是，她始终对工作和生活保持着高度激情。

五年后的琳，对这份工作更多的是热爱。不仅因为寒暑假期她能去看高山与大海，更因为这份工作本身带给她的成就、上升与乐趣。

挑战不了生活困难的人，也无福享受生活本来的美好面貌。

能够真正驾驭生活和工作的人，往往也能驾驭自己和人生。

把自己照顾好了，身边的生活、家庭、工作，一切才会跟着好。

身边的一切都好了，自己也才能真正好。

几个月前，去另一座城市探望我八十多岁的外婆。

因为带去一些湘南特产，外婆便从箱子里分出1/2来，张罗着要给她同住一个院子的老闺蜜送去，说乔奶奶在湖南生活过，也一定喜欢这来自家乡的味道。

我搀着外婆走过一条长长的上坡，来到一栋有花园的房子旁。乔奶奶住在一楼，她院子里种着一排小雏菊和向日葵，有一顶大大的庭院伞和一张舒适的躺椅。

我们按了许久的门铃，主人家才姗姗来迟。乔奶奶耳朵不太好，我们提高声音重复了几遍，她才大致明白，这是朋友家的外孙女从湖南过来，也给她送了些爽口的腊味与年糕。

乔奶奶耳朵不太好，但精神矍铄，她穿一件镂空的黑色披肩，带着金丝边眼镜，一头微卷的银发，挺有一种民国老太的优雅风范。

她请我们穿过阳光小院。走进她家，我才知道这偌大的一百多平房子和院子里，竟只住了八十多岁的乔奶奶一个人。

后来听外婆说，乔奶奶的老伴儿三十多年前就过世了。三个子女因分散在全国不同的地方，乔奶奶好强，既不愿跟着子女住，也不让子女从另外的城市搬来陪她住。

乔奶奶的确一个人也可以生活得很好。她热爱种花，院子里的很多老太太都从她这儿索要花种；她擅长唱歌，院子里开联欢会的时候，老太太总献上一首怀旧的老歌。

可在阖家欢乐、炊烟升腾的时候，这位老太太却是一个人踱着小脚小步，独自外出买菜、回家烧饭、擦桌扫地，一个人循着标记索箱吃药。

很难说乔奶奶这样的生活到底算不算好，一万个人眼里大概有一万种看法。

但我的确相信，这一定是乔奶奶在现有境遇下，自己所理解的最美好的活法：既不拖累孩子，也不委屈自己；既让孩子放心，也让自己开心。

既然生活如斯，我们总要有办法让自己变得更好。

以前我总以为，那些生活美好、优雅恬淡的女人，多半是命运的宠儿，她们因为现世安稳、生活富贵，所以怡然自得、春风满面。

后来渐渐发现，再高贵的人生都有心酸落魄的时候。我们的生活，更多时候本质都一样，悲喜掺杂、高低承伏。

不同的是，有的人在艰辛的日子里，也能从苦难里开出花朵来；而有的人就算在相对和顺的日子里，也能活得满身戾气。

聪明的女人，始终给苦留一个出口，给甜留一个入口。

那些时刻沐浴在美好里的女人，不过是学会了在任何境地里，都妥帖地照顾好自己。

［姿态］

越高贵，越好命

这世界很奇怪。有时我们越渴望、越珍视，偏偏求而不得；而一旦云淡风轻、无所畏惧，却又往往不求而得。或许，姿态高一点，才能被人看重。

小妹最近交往了一个男朋友，看她相处的过程，可真够累的。

俩人第一次相亲归来，小妹面颊如飞霞。问她情况，她娇羞又神秘地把手机塞给我，问："姐，这算相亲成功吗？"

我拿过手机，屏幕上是男孩发的一条微信：很愉快的夜，认识很美好的你。今日早点休息，期待明日更多倾听……

看男孩的短信和小妹的神情，我说："貌似俩人都挺有好感，恭喜，好好发展。"

可才到第二日，问题就来了。

正逢周日，我约小妹一同游泳。她踌躇了一会，摇摇头道："不行。我若去游泳，他约我时我看不到手机，错过了怎么办？就算看见了，从泳池赶出来再去赴约，那也太仓促了。"

我说："这都下午两点了，他还没有向你发出正式邀约，怎么料定他会约你？"

小妹说："就昨天的短信啊，他说'期待明日更多倾听……'"

情况似乎不妙。我赶紧敲醒她：“且不说他是不是只出于一句客套。就算是认真的，‘明日’在宽泛的语意理解中，分明可包含‘未来’的意思；就算真是意指‘今日’，形式也可以是打电话、语音、视频等，谁说非要约你出来面聊？”

小妹还想辩解，我当机立断拉她出门。

果不其然，一下午手机并无响动。到了晚上，男孩短信才姗姗来迟：晚上好，在干吗呢？

小妹立刻与他进入畅聊模式。却也得知，这哥们白天一切如常，该加班加班，该打球打球，也帮着会友闲谈和陪伴家人。

看小妹欢天喜地，我却暗叹不好。

感情里有句屡试不爽的江湖名言：谁先动情谁先死。

原因到底是为啥，且先按下不表。我们继续往下说。

俩人相处了两个多月，小妹果然找我诉苦。

她不解地说道：“为啥别人谈恋爱，收获的是甜蜜、惊喜和感动；而我谈恋爱，却陷入烦恼、纠心和郁结重重，且俩人虽一直保持着交往，关系却始终未真正明朗。”

小妹举了个令她烦恼的例子。

前阵子她特别喜欢的一部作品被拍成了电影。她几次暗示过男方，自己是作者的迷妹，所有系列作品她都看过。男方也很识趣，当即表示：“好啊，有时间我们一起去看！”

可从首映到热映的十余天里，小妹依次推掉了闺蜜、同学、朋友的几番约会，一心一意地等着他。但那阵子他特别忙，总也抽不出时间，于是直接等到了片子下映。

小妹觉得特别委屈，这一类情节在俩人的交往里似乎尤其多。可问题又似乎不能完全归咎于是因男方不够真诚、假意暧昧。于是，小妹让我帮她拿主意。

我想了想，告诉她：“你相信吗？恋爱中，越高贵的女人越好命。从现在起，把自己看得高一点，摆出你公主的姿态来。对选男人这件小事，看得无所谓一点。他来约，你不故作矜持；他不来，你该怎样就怎样。所谓皇帝的女儿不愁嫁，你只管惬意如常，一切优雅自在一点。”

正好那阵子，小妹的公司要举办一场客户答谢会。小妹作为行政主管，需要找酒店、跑会场、衔接礼品和礼仪公司、核对流程、准备物料等。在我的建议下，她也想换一种心情，就自然把精力投入到了工作里。

答谢会前两天，因市场部一直未物色到合适的主持人选，老板在检查会场时看到了忙得火热火朝天的小妹，见她青春飞扬、做事麻利、很有条理，也熟悉流程，就钦点了她，由她担纲那场会议的主持人。

也不知是缘分使然，还是命运眷顾，那天，小妹的相亲对象竟然神鬼神差地坐在了台下，作为被邀约一方的代表，成为一百多个答谢客户之一，全程目睹了小妹一边雷厉风行地在台下指挥和调度，一边仪态万千地走入台前，款款大方、美丽芳华。

这位一向温吞、腼腆、拘谨的大男孩，居然在会场临时通过手机预定了一大捧百合和玫瑰，会后连同满目的深情和火热的自己，一同献给了走下台来的她。

那一刻，他认定了知性、优雅又能干的小妹。

这世界偏爱高贵的女人。

女人越高贵，越好命，不仅是爱情，工作、生活处处如此。

我的一位女朋友，正逢年底公司调薪，她本来很有信心，理由有三：1. 按照公司惯例，每年都有一定比率的人员可以进入年终调薪，纵观自己部门，很多“老人”都已轮过，按资排辈也该到她了；2. 在临近年终的几次部门派对和聚餐上，她自认玩笑般的暗示过领导，物价太高、孩子上学，生活不易，就等公司加薪来填补日耗了；3. 她暗示之后，见领导并无反对和异常，于是更加勤勉努力，而她自认整体工作也得到领导满意。

可是，等部门的加薪计划出来，她才知道自己的希望彻底落空了。领导把唯一的一个名额，给了今年初来乍到的一个年轻小姑娘，这姑娘颜值高、气质佳，在公司内被奉为新晋女神。我女友冷笑一声，心想：这不过是个看脸的社会。

后来才知，男领导选这姑娘的真正原因是：某次带姑娘出去应酬，小姑娘有礼有节、不亢不卑。合作公司的老板对她大加赞赏，借着酒意当着这位领导的面，声称要把姑娘高薪挖过来。

男领导事后留了个心，一直暗中观察。合作公司的老板还真找猎头接触过姑娘。可这姑娘既没有拿此说事，跑到领导那煽风点火求加薪；也没有因为高薪高职的诱惑，就贸然辞职奔了去。

她就像什么都没有发生过一样。一边继续打杂跑腿，把每个新人的杂役苦差事做得“清风徐来”；一边暗暗学习和努力，把自己的手头业务也开展得掷地有声。

领导由此也对其青睐有加，把部门唯一的一个加薪名额，作为年底的莫大荣誉给了姑娘。

找姑娘谈的时候，人家既没有喜得花容失色，也没有惊得故作推辞。而是先是礼貌淡然地表达了感谢，同时提及如我女友一类的元老级同事或许更堪此奖。继而又很自然地过渡到下一年的团队发展重点和自我价值实现上。

此话谈完，领导不仅妥妥地给姑娘加了薪，更啧啧称赞，小姑娘的境界就是高。

这世界很奇怪。似乎总有些事情让我们百思不得其解。

有时我们越渴望、越珍视、越在乎、越想要，偏偏求而不得；

而一旦云淡风轻、不受其制、放宽视线、无所畏惧，却又往往不求而得。

心理学上的解释是，你很想得到某件东西，意味着动机水平很高。而高的动机水平一般会激发高的行为水平，高的行为水平可能会导致总体错误次数的增多与程度的增强，而招致事与愿违。

也就是说，当你的得失心特别重的时候，拘泥于眼前的某一点的时候，行为可能会非理性，以致更多失误和犯错，整个人为此而失控，真正的个人价值也更容易被遮蔽。

因此，那些活得高贵优雅、淡然恬静的女子，她们的视线更高、胸怀更远，她们的目标是拥抱更好的生活、挑战更大的天地、成就更美的自我，自然也就不容易被眼前的一次加薪、一个男人、一次事件所羁绊。

把目标定得高一点，眼前的具体目标当然也就更容易实现。

所以，与其时刻盯着眼前得失，不如告诉自己：姿态高一点，境界高一点。

因为越高贵，越好命。

一次失足，你可以马上恢复站立。失掉自身姿态，你也许永难挽救。

[谈吐]

我曾是那个三句话把天聊死的姑娘

从不会聊天到人缘出众，要分几步走?

时不时有读者在我的微信后台提及，说我文笔不错、时能引经据典，便问我能不能分享一些关于如何与人聊天、在社交场合快速攀谈的经验技巧。

她们说，虽然自己和好朋友无话不谈，但和不熟的人却无话可说，因此在必要的社交场合和饭局应酬时就相当尴尬。

如何从不会聊天儿到拥有好人缘? 这样的苦恼，我真是深有体会。

因为不久以前，我就是那个三句话能把天聊死的姑娘。

1. 我是怎样三句话把天聊死的

尝试做自媒体和公众号以来，我被抛进了一个更大的圈子。

每天被加入更多的群聊，被添加更多的好友。他们看上去既熟悉，又十分陌生。

说熟悉，因为他们要么是鼎鼎有名的大号编辑，要么是如雷贯耳的热文写手，甚至还有我仰慕的女神级作家，以及业界闻名的出版社编辑。

说陌生，是因为我们从来没有见过面，以前也未有过任何交集。除了读过几篇彼此的文章，最多来自于相互发过的朋友圈。

我们聊天简单，多半是“公对公”的转载、授权、出版、合作……这些对话，往往三句以内就能完成。

尽管以往的职场经验，让我十分明白圈子和人脉的重要，可眼下的这个圈子，却让我为之苦恼。因为三句之后，再难有更多“私对私”的真正情谊。

我曾尝试做过一些增进感情的攀谈。

比如一个作者出了新书，我第一时间发去微信。

我：姐，看到你的新书出版啦。很棒哦，一直走在我们前面。

她：谢谢妹妹。你的文章也很棒。加油，我看好你。

我：嗯嗯，向你看齐。

她：过奖啦，我只是运气好，一起努力。

我：哈。是的。预祝新书大卖哦。

她：谢谢。

尽管对方的回答看起来也充满友善，但我接到第二句就已十分勉强。聊到第三回合，基本属于苦苦硬撑。不得不就此收尾、草草结束。

再比如，某次看到某篇文章特别棒，我向作者发微信问候。

我：兄弟，你这文章写得太赞了。字字入我心。

他：哈，连才女都这么喜欢，我很有成就感。

我：是真的写得很棒，我朋友圈里好几位朋友都转发啦。

他：荣幸之至，谢谢，谢谢。

我：……（已不知聊何）

我几乎每每努力地想要与人对话，却都死于往来不超过三句话。

这样牵强附会的社交，最多混个脸熟，显然很难真正走心奏效。

可是双方的谈吐似乎都没有问题。那么问题到底是出在哪里？

2. 所有的聊不下去，只因为没把心打开

某次和闺蜜聊天，我无意中说出了自己的苦恼，自我打趣地说，现在的自己就是“三句话就聊死的姑娘”。

我忽然为之一颤。

为何我和好友如此有话可聊，调侃、打趣、讽刺、胡诌，张口即来、怎么都行；但和不熟的朋友，却话不过三句。

或者正因为不熟，才更加小心翼翼；又因为想要更熟，才愈加字字斟酌；因为太想留一个好印象，所以谨小慎微地去试探；因为太害怕破坏这种印象，所以始终高高地“端着”……

可是人与人之间，真的有种很微妙的感应。对方很容易从你的语境里，感受到你的心境。

你端着架子，他们也难以放松；你小心试探，他们更难以投入；你基于基础社交，他们自然回应以基本的客套和礼貌。

那天我恍惚明白，所有聊不下去的天，只是因为自己没把心敞开。

背着为社交而去的包袱、端着苦心塑造的形象，心却是封闭的、谨小的、收敛的、功利的……这样的聊天，三句话已足够累。

试着把心真正敞开，才能得到一个真诚的拥抱。

不久之后，另一位作者也出了新书。不同的是，我当天并没有急赶着去恭贺。

几天之后，闲逛书店，正好看到此书在畅销架，就顺手取来一读。读着读着，忍不住拿出手机，当下就和在微信好友里的作者感慨起来。

我：亲爱的，太喜欢你的新书了。笔触好细腻、排版很优美。前面几页小插画很有意境，配得上你精彩的文字。

她：哈，谢谢你喜欢。都是编辑们费心呢，我这阵子工作忙，从出版到宣传多亏他们。

我：你也不容易啊。差不多 20 万字。一边上班、一边写稿、一边

带娃……还都做得那么好。

她：哪做得好啊？惨的时候你都没看到呢，谁的生活都不容易。

……

我俩就此打开话匣，从写作、出版聊到了职场、生活，又从职场、生活聊到了家庭、育儿，甚至聊到了婆媳关系，聊到了时间分配和梦想憧憬。

或者，我们根本不需要为了社交而盲目社交、慌乱社交，而是自然地在日常生活和工作里，轻松地卸下包袱、打开内心、敞开自己。

3. 所谓关系，归根到底是你的价值

可是，结交了很多新朋友，彼此都能聊得来，这就是我们想要的人脉和社交？

写作圈里，一同起步的朋友，的确有人因更擅长人际交往，而得到更高频次的文章曝光和更快一步的合作签约；就好像职场里，也有人因更擅长人际交往，而更快进入领导视线、更先取得客户好感，得到更多晋升和重用机会。

可据我过去十年的职场经验，人的精力总是有限的，把更多精力放在人脉拓展上的人，如果本末倒置，没能在业务本身齐头跟上，将是一场灾难，只能使自己更累、更紧张，甚至提前刷光自己的人际信誉，从此失去更多机会。

商业社会，所有关系和交情，最终回归于彼此为对方带来的价值。

给予你更高位置、更大单子、更多机会的同时，也意味着对方从中期许着更大的回报，对方也有自己的压力和憧憬。

可如果因为你的个人能力 HOLD 不住，或者后台的生产线和技术力难以企及，只能将自己和对方（公司），陷入更被动的境地。

写作圈也是一样，被大平台有幸运提携的自媒体，如果后续难以供

给更多好文，阅读量上不去、读者不买账……机会得到的同时，也意味着更大的失去。

相反，被读者真正认可的作者，哪怕只是无名小辈，也不缺更高的平台给予合作机会。

所以，人脉和圈子虽然重要，但对大多数人来说，业务和实力才是不可或缺的底气和基础。

初出茅庐，与其把大量的时间花在人脉经营上，不如把更多的时间花在业务夯实上。

4. 所谓好人缘，源于你的人格魅力

说到社交，不得不提我心中一直膜拜的一位传奇人物。

他是我原来公司的一位男领导，人称"竞标小王子"。公司每次参加行业竞标，由他出马，总是成功率颇高。

可这位男领导不抽烟、不喝酒、无家世、无背景，且是枚"爱家狂魔"，下班后的闲暇时间，都用来陪老婆孩子。

我跟随男领导参与过几次行业竞标。发现他对标书要求严格，所有流程和细节，都会事先跟下属反复推敲；他为人谦和有礼，但在具体的环节把控上又非常强势；他有自己的原则和标准，在准备标书的同时，也一定会上至总裁办、下至各部门，首先在公司范围内争取到最大的权益和支持。

谈判桌上，他永远西装革履，精神抖擞。多年来他一直亲自讲标，因为心中有数，所以从来都大气沉稳、从容不迫……

男领导曾说，谈判桌上，对方很容易能从一个人的神情、谈吐、细节、点滴，感受到竞标人的诚意与靠谱，间接感受着后台支持的实力与专业。

这或者就是他获得更多胜算的秘诀。人与人之间，真的有种很微妙

的感应。你传递给别人的是专业与细致，对方回馈你的是信赖与期待；你传递给别人的是钻研与逢迎，对方回应你的是度量与斟酌。

特别有意思的是，这位从来都不请吃、不请喝、不刻意恭迎、不谄媚讨好，甚至不重视应酬与社交的男领导，居然人缘很好。

从甲方公司到自己公司、从大老板到小职员、从直系下属到旁系协作人员，一应对其好评如潮、倾慕不已；竞争对手每每提起他，也是刮目相看、赞不绝口；甚至连他不喜应酬、下班回家的模式，都从不被客户视为怠慢，反而为他本人树立了稳重靠谱的形象。

人们都喜欢他，或者因为他做事总是大家风范、运筹帷幄，或者因为他说话永远谦逊有礼、温和儒雅，或者因为他笑起来的样子特别真诚，或者因为他敬业的态度让人折服，或者因为他的一言一行都绅士有范、他的一鞋一帽都品位十足……

这些综合起来，成了他与之俱来的人格魅力，成了他吸引别人的原始内力。

想想我们身边，真正吸引你想要与之结识、不断深交，并历久弥新始终视之为真朋友的人，都是人格魅力的突出者。

回到本文，如何从“把天聊死”到“人缘出众”，或许可以分三步走。

（1）敞开内心说话，给自己和对方一个接触的机会。

（2）不必本末倒置，夯实自己的业务能力、形成自己的核心价值。

（3）与其盲目追求宽泛社交，不如提升自己的人格魅力，和真正拥有人格魅力的人做朋友。

[**心态**]

笑点低的人，活得更幸福

不快乐的人总在构筑一个理想，追逐一个美轮美奂的影子，总觉得梦境里的一切才是最好的，却对身边真实的一切置若罔闻；而快乐的人，则懂得在真实的世界里投入地生活着、感受着，她们努力把每一个当下都装点成最好的。

我有时喜欢在朋友圈里，分享一些郊外游玩或者亲子旅行的状态。

每每此时，总会有朋友兴致盎然地留言："哪啊？哪啊？你去哪啦？"

她们在我这儿如发现了新大陆，接着乘兴跟去，却又往往败兴而归。问及原因，往往是：哎，晒死啦；呃，人忒多；呵，堵车就一个多小时；风景还不错，但配套差点；不就山啊水啊，早看够啦，娃开心就行……

她们有时也会打趣我："亲爱的，这事儿必须得采访你一下。你是如何在烈日炙烤下拖家带口的？又如何在遭遇一路闹心的事情后，还能在不新奇的景色里玩出新奇的？"

"哈，如果确定我们的行程都会遭遇到一些相似的问题，且去的地方也一致，那么重要的差别可能是我的笑点（快乐点）比较低。"我答。

倒真不是一句玩笑。和一些在旅程中更容易获得快乐的朋友们交流，大家的共同点是：

我们这类人能够自动屏蔽掉行程中所有不快乐或者较平淡的插曲，

而特别容易捕捉到一些令人快乐的因素。我们的感官和触觉仿佛对快乐的一切特别敏锐，并且自带特效，能将这些放大地呈现，从而串联成整个行程的主旋律……

所以，不快乐的人总在构筑一个理想、追逐一个美轮美奂的影子，总觉得梦境里的一切才是最好的，却对身边真实的一切置若罔闻；而快乐的人，则懂得在真实的世界里投入地生活着、感受着，她们努力把每一个当下都装点成最好的。

或者不是你得到的太少，而是计较的太多。不仅旅程如此，生活也是同样。

作为一名写作者，我常常喜欢观察市井街巷里的平常事和众生之态，并饶有兴趣地收藏了很多小人物被定格、放大的快乐瞬间，由此发现，那些让人展眉开怀的触点，有时真是低到正淹没于我们的生活里。

记得有一次，我和女友在景区门口临时聘请了一名导游。那天天气特别炎热，女导游正站在狭小的服务台前，百无聊赖地接受着太阳的炙烤。

可当我们决定正式请她时，她脸上的表情开始呈现出种种上扬的变化。她的快乐，或者仅仅在于每天有事可做的踏实，和当我们驻足在一些展柜前，她也趁此同服务人员熟络地聊一会儿天的闲适。

还有一次，去一位女友家做客。女友兴致盎然地在餐厅里忙碌，神采奕奕地为我们端出了盛在不同颜色、不同器皿里的水果和零食。白瓷碗衬出圣女果的娇艳，高脚杯里透着果汁的清凉，一蔬一果也仿佛光彩照人，吃起来别有一番生活的诗意与考究。

但其实，女友的房子是租来的，所用器皿也并不昂贵，更像是平日里的随处可得。但她的快乐，正是将一番巧思置于生活的琐琐碎碎。她陶醉于这些小物的收纳、装扮和搭配，她宠着它们，也被它们宠着。

我想起作家严歌苓女士曾在小说《少女小渔》里描写过这样一个场景：

> 据说从下午三点到四点，火车站走出的女人们都粗拙、凶悍，平底鞋，一身短打，并且复杂的过盛的体臭胀人脑子。
>
> 还据说下午四点到五点，走出的就是彻底不同的女人们了。她们多是长袜子、高跟鞋，色开始败的浓妆下，表情仍矜持，走相也都婀娜，大大小小的屁股在窄裙子里滚得溜圆。

前一拨女人是各个工厂放出来的，后一拨是从写字楼里走出来的。大凡女人都想着有一天去做写字楼小姐，穿着高跟鞋、小窄裙，化着美妆。可事实上，后者不一定比前者活得好。

女工们的钱不用来买假首饰，而是添置大物件。并且她们下班早，当写字楼的小姐走出车站时，女工们已重新做人了。她们都换了宽松的家常服，在市场里淘来了。

很难说，傍晚时女工家里的一顿晚餐，要逊色于写字楼小姐家中。

究竟谁的快乐比较多，这又怎么说呢？

或者，也只在于她们各自如何品。

笑点多的人，通常更幸福。

她们看上去更容易被生活满足、被小事触动、被小确幸俘获。但其实，她们只是更懂得投入地品味当下、给生活松绑、许生活等待、让生活发光而已。

正是因为这份善于发现美的匠心，词人李清照半世颠沛流离，却一生诗情画意。她总能品出细风舒雨、云窗寒楼所独有的韵味，从此写下很多清丽绝美的词句，像极了她内心坚定，从不向命运低眉的性情；也正是因为这份懂得经营生活的慧心，上海滩豪门之女盛爱颐，在享尽大半生富贵繁华，晚年依然可以在粪堆旁，淡然地吸一口烟，换一种姿态，从容地等待着命运的回旋……

谁的生活不是五味陈杂，充满着世事间的悲欢浮沉。那么，又何必去羡慕别人的风景，何不去用心勾勒出属于自己的那道风景，那才是“独”好的风景。

就好像丰子恺先生曾写过的那段话：

> 你若爱，生活哪里都可爱。
> 你若恨，生活哪里都可恨。
> 你若感恩，处处可感恩。
> 你若成长，事事可成长。
> 不是世界选择了你，
> 是你选择了这个世界。
> 既无处可躲，不如傻乐。
> 既无处可逃，不如喜悦。
> 既没净土，不如静心。
> 既没如愿，不如释然。

[**阅读**]

站在巨人的肩膀，触到远方的云朵

泛阅读时代，我们的阅读来自每时每刻和四面八方，无心之人在被动阅读；而有心之人则在主动解读。你若读懂了、读通了，就好像是打开了一扇窗，得到了一个新的世界。

青春版《牡丹亭》里，曾有这样一个故事：

柳梦梅赶考途中，饿昏倒地，被好心人扶起，人家问他："你是何人？"但见柳生呆答："小生乃读书人。"全场笑喷。

是的，读过几本书，有什么了不起？

就好像一只蚕吃过几筐桑叶，有什么值得炫耀的？

同样的语境换在今天，一个成年人如果爱拿"读书"说事，是要遭人话柄的，因为：

书读那么多，还不是没隔壁老李赚得多；

书读那么多，怎么连这么点道理都不懂；

书读那么多，还不是连个对象都找不到……

可是到底，成年人该怎么看待读书这件事？怎么智慧地汲取营养、不读死书？

1. 阅读，形成深度思考的能力

这是一个人人都在阅读的时代。碎片化的阅读空间，常常被网络、微信里的各种“网红”文章所充斥，打开一看，多半是一碗鸡汤，有人嗤之以鼻，一笑而过；有人却从中读出温暖、力量和启迪。

要说最常见的鸡汤文有用吗？或者咱们可以先看看，一碗鸡汤是怎么“炼”出的？

其实大部分的鸡汤作者，首先是善于观察和思考的人。比如读一篇新闻（电影 / 书本），或在路上有所见闻，或跟朋友聊天，作者从中发现了一个“点”，因对其感兴趣，于是对这个点剖根究底，再把它不断放大，辅以各种联想、例子和理解创新，从而形成自己的观点和见解。

每一篇鸡汤的炼成，看上去可能只是一篇精短小文，但却需要调动起作者“大脑数据库中”的知识储备，还需要不断地吸收和纳新，将相关的信息整合处理、将知识恰当运用。

而你阅读的过程也是如此。同样的知识或道理，运用在不同的事物上，便可读出不一样的意味。你若读懂了、读通了，就好像是打开了一扇窗，各种百花齐放、百景毕现，焕然得到一个新的世界。

引发思考并培养深度思考的能力，是读（写）文章的第一要义。我所关注的很多大咖级作者，皆是“善于思考”的受益者。出过两本书、单篇文章阅读量破 200 万的豆瓣红人三公子，在一次接受采访时提到，他并非职业的写手，也不是作家，只是一个个人生活感悟的分享者，他说：“我喜欢把自己对于很多事情的思考记录下来，并把这些思考形成文字放到网上，听听大家的声音。”

作为普通阅读者如何来练就自己的思考力呢？这就需要你的一双眼和一颗心。首先以一双眼默默辨识，万事留心，然后再回去读书，便一一有了印证。眼与心常常对话和交互融合，并以你的眼来看别人的心，长此以往，自可练就一副慧眼慧心。

2. 阅读，推倒小我而重塑大我

泛阅读的时代，充斥你的岂止是“一篇鸡汤式”的阅读。你的阅读其实正来自每时每刻和四面八方：它们可能是你工作需要的文件材料，可能是你喜欢的某个大家的著作，甚至可能只是微信上、短信里朋友来往的简短信息……

无心之人在“被动阅读”；而有心之人则在“主动解读”，解读我们每个人每天所遇到的各种各样信息。

这样的信息或繁或简，或轻松愉快，或严肃晦涩，但在有心人眼里，但凡阅读必有收获，哪怕读到的只是一句简短的问候，也可以通过你的理解化成心尖上的暖意。

聊聊我们常读的两类书——故事书和理论书。

有人说故事书简单轻松，但读完就忘，收获不大；理论书晦涩难懂，读完也不过是多了几个深奥的新词，对实际没有多大帮助。

而我的一个朋友，当她在阅读《当我谈跑步时，我谈些什么》这本书时，她获得的是村上春树在旷日持久的跑步历程中所得到的点滴感悟：原来跑步是一件只要坚持就一定能看到效果的事情。由此她与作者产生了共鸣，也被激励着通过运动去转化消极的心态。看吧，坚持抵抗着懒惰，而运动化解了消极。由此，她收获了运动与坚持的两种力量，而这两者又相辅相成，帮她在工作学习间带来了更多意想不到的惊喜。

我这朋友读理论，读一本叫作《社会心理学》的书，收获的可不是“符号互动论”这类新词。她把世间万物，都看作一个个相互交往的符号，每个符号通过与周围发生互动而产生意义，一切事物的含义又都可以从一个个符号的长时间撮合协商得到。她用符号重新解构了一些难以语状的社会现象，甚至包括朋友圈里的人物百态。从理论中来，到生活中去，一切有趣得很。

我们读故事，可以从作者笔下的情境中读自己。找到共鸣，获得身心的愉悦，或者打开视野，探寻新奇的奥妙。

我们读理论，从别人的成果里找到自己为人处世的方法。通俗来说，道理我们都懂，但是拥有理论框架可以让你举一反三，在多变的表象中抓住核心，然后再转化为自己的工具，用于实践。

聪明的读者，自是在故事中找到方向、在理论中找到方法。在故事与理论的结合中，你的人生观和方法论也一次又一次被重新建构，这也正是一次次推倒小我而重塑大我的过程。

我们常说一个人通透灵秀，或许正是指他的这种聪慧被充分地开启出来了，而阅读恰恰就能起到这种开启的作用。真正聪明的读者，是拿了别人的草，成就了自己的帛；是站在别人的肩膀，触到了远方的云朵。

读书的最高境界，也不过是拥有一堆桑叶，而多吐出两丈丝。

万事万物本是同源，关键看你有没有那双眼，那颗心。

[**修身**]

修炼自己，也炼出洞察世界的火眼金睛

初心决定细节，而细节决定着一个人、一件事、一个品牌和一个企业究竟能走多久、走多远。世界是诚实的。功利的你，也将终究收获一个功利的世界；而真诚的你，也会被世界的真诚所包围。

写作圈里，看上去同样都在围绕着写文章、自媒体、出版书籍等几大主轴而奋斗着的作者们，却各自怀抱着不同的初心。

有的是为更好地写作，而开始自媒体；

有的是为了做好自媒体，而开始写作；

有的是为了一辈子的目标：此生写本书；

有的是为了一辈子的目标：写一辈子书。

那么有什么不同吗？

为写作而做自媒体的，是把自媒体当作一个发布平台，为了文章能多一个发布、交流渠道，说到底还是为了文章本身；

为做自媒体而写作的，是把自媒体当作一个经营平台，他们更关注粉丝数、打开率、转发率，说到底还是为了做好平台；

为出一本书而写作的，通常会在某一个阶段里奋笔疾书，这个阶段完成后，他们可能会回到原先的工作、生活轨迹，或者开始实现下一个阶段的目标；

为出一辈子书而写作的，通常会比较注重写作的持久生命力，边读边写、边写边读，中间会穿插不同的生活，势头多半不会那么猛，但贵在细水长流。

……

这些目标不能简单地论好坏，因为每个人都有自己的选择权和价值观。

但初心的不同，决定着他们此刻的关注重点不同；

初心的不同，决定着他们未来的路径和方向不同；

初心的不同，决定着他们究竟能走多久，走多远。

但也不是所有的初心都无伤大雅。

开始的不同，往往已注定着结果。

虽说所有人工作，无外乎都是为赚钱；但初心的不同，决定着他们赚钱方式的不同。

以前我们的一个项目组里有正、副两位领导。

A 是一心一意期望通过做好项目获得口碑、带来收益，从而实现个人收益的人；

而 B 的目标则更为直接，就是赚钱。项目只是作为他实现个人收益的工具和渠道。

两者有什么不同吗？

A 的初心，决定他在做任何决策和方案的时候，都以项目的发展至上，兼顾团队各方的利益；

而 B 的初心，则决定着他不会放过任何一个个人获益的机会，项目则只要说得过去就行。

所以，在选择合作公司的时候，A 侧重的是这家公司带来的方案，是不是最理解产品本身、最结合市场需要、最有竞争力和最具性价比；而 B 侧重的是，这家公司是不是考虑到了他的个人利益，和他够不够熟，能不能聊得来，用起来是不是顺手。

在开展市场活动的时候，A关心的是：产品是否能接受市场的检验？客户反应度如何？行业关注度如何？痛点究竟在哪里？还有哪里最该优先改进？

而B关心的是：这场活动究竟带来了多少用户量，实现了多少转化率，产生了多少关注度，以及这些数字如何去美化，如何更好地向投资人和董事会交差。

……

A和B的初心不同，不仅决定着他俩能在项目的发展上各自走多远；很大程度上，也关系着项目组成员、项目客户、项目伙伴以及投资人等的利益和发展。

正因为对初心决定细节的种种观察和发现，买东西的时候，我往往会倾向大品牌；在对可选品牌都缺乏相应了解的时候，我会比较倾向包装和细节都比较考究的产品。

倒不是因为我是品牌粉或外貌控，而是一家企业以及一个产品的初心，全都藏在我们看得见的细节里。

奔着"百年大发展、打造大品牌"而去的企业，绝不忍心让任何一个产品细节毁了招牌、断了前路。所以他们通常会从外观到内涵、从包装到格调、从品质到选材、从营销到售后，样样并举、细致考究。

而奔着"发一笔小财、赚一笔外快"的企业（或者叫作坊），通常只是山寨了大品牌的华丽外表，而在做工细节上偷工减料、售后服务上得过且过，更别指望会在产品本身下足功夫。

初心都藏在细节里，细节可见初心；而初心则决定着，一个人、一个企业究竟能走多远。

这条万能定律也可以用来观察你所在的企业。

“互联网 +”时代，各种类型的互联网初创小公司层出不穷。

怎么样判断这是一家真正能让你学到东西、有所作为、大有发展的潜力股，还是一家人云亦云、盲目跟风、成长有限的短期股？

从他们的会议上，看他们是对项目的发展有清晰的规划、对市场的调研有深入的分析；还是只是去分析投资圈，关注什么样的爆点最容易引来风投；

从他们的言谈中，看他们是发自内心、充满激情、满腔热爱地与你聊产品、聊项目；还是动辄给你画饼，张口闭口地聊互联网里的一夜暴富；

从他们的管理上，看他们是确确实实关注员工成长，把核心成员当成公司里最贵的资产；还是徒有其表，咖啡吧、会议室、展示厅、多功能区应有尽有，却只用在每一次参观接待里……

你可以试着从每一个细节去真正读懂这个企业。

“互联网 +”下的金融投资，也是如此。

判断一个 P2P 项目可不可靠，不是大众对于这种新生态的态度——别人说 P2P 有多赚钱，或者 P2P 有多可怕。

而是应该真正去考察和分析：他们出于什么目的在做 P2P ？

这家公司是真的十分认同和惊喜于“互联网 +”的新模式，切实在通过互联网的便利，解决原来行业中借贷两难、信息闭塞、环节冗长、供需不对称等问题 ；

还是连“互联网 +”究竟是啥也说不清，对大行业有什么具体影响也不关心，只借着这个“时尚外衣”，夸夸其谈他们的国际理想和未来将带给你的高额利息。

用此来观察和判断爱情与婚姻，也多半不差。

站在三十多岁的当口往前看，当初真心为了爱而结婚，建立在彼此充分了解、尊重、相知相爱基础上的婚姻，多半现在也过得比较平顺幸福。

而那些“因为到了年纪而结婚”“因为对方条件不错而结婚”“因为肚子里有了孩子而结婚”“因为遇不到更好的人而凑合结婚”，多半婚姻也更容易变得扭曲。

以此来观察他们的家庭、对孩子的教育、对爱好的经营、对生活的态度……几乎概莫能外。

既然初心决定着此后的方向和路程，那么从一开始的时候，或者我们就可以少一些功利，多一些真诚。

世界是诚实的。

功利的你，也将终究收获一个功利的世界；而真诚的你，也会被世界的真诚所包围。

[**养性**]

别让你的强势，暴露了内心的不强大

一个真正强大的人，是平等、慈悲、谦逊和接纳，而一个人太强势的时候，往往是因为内心还不够强大。

枚是我的老同学。她是一个上市企业里的女高管、一个嫁给高帅富的精英女，但你若知道她三十年前出生在农村，则对她今天的一切更刮目相看。

按说，枚是世人眼中特别成功、光鲜体面的一类，但她的失落，我们却也再清楚不过。

偌大的世界里，除了我们几个老同学，枚几乎找不到可以陪她吃顿饭、说句话的人。

公司里，下属对她都战战兢兢，同级别的人也对她敬而远之。每每必需的工作接触，也只在最简短、最直接的方式里完成交流。

“有她在的地方，方圆十里都可以感受到气场的压抑。”这是某天她无意间听同事说起的。

连她先生现在也常常推说工作忙而不愿回家，显然，她已把这种压抑的气场带到了家里。

枚是个工作和生活特别严苛认真、不讲情面、说一不二的人。她不是只对别人这样，对自己也这样。

记得读书那会儿，如果考第二，她一定会挑灯夜读、死磕自己，考回第一才能释怀；若是某题意外失分，她甚至会跟老师据理力争，翻资料、查古籍，以证明自己的观点可取；和她一起出去玩，行程、吃饭、住宿，一般都按她说的算，不然肯定不欢而散。

可是，工作不比读书，同事不像同学。即使她今天凭借个人的狼性和狠劲，做到了市场总监。但在如今更开放的职场环境，想凭借“官大一级压死人”，通过“我是你领导”“这是你职责”“我只要结果”“别跟我讲条件”这样强势的话语就想做好管理，必然心力交瘁。

我曾和她探讨：“工作就是工作，即便有争执也对事不对人，你怎么把人都得罪光？”

她说：“你是不知道我们这一行竞争有多惨烈。你稍不留神，下属、协作部门、供应商，他们就插科打诨、相互推诿；你步步紧逼，他们也不过应付了事。”

或者，表面强势的她，也正暴露了内心的不强大。

你争强好胜，说明你太过看中成绩；

你高高在上，说明你害怕没人听命；

你动不动发怒，说明你不太会控制情绪；

你动不动下令，说明你的指令已不能得到很好的执行。

……

可是，刚者易折，柔者长存。

真正强大的领导，是会倾听每个人内心的声音，知道每个人的需求，抚平每个人的焦虑，懂得调动他们的主观能动性，给他们一个积极、开放、向上的氛围和环境。

强大自己，才有可能强者恒强。

虽然大多数的时候，我们并不能被称为一个完全强势的人。但普通的我们，却也难免总会有一些特别强势的时候。

那时的我们，总以为只要自己声音够洪亮、气势够足，在声势上压倒对方、使对方服软，自己才算更胜一筹；殊不知，那样就算口舌上占了上风，却也与自己的初衷相去甚远。

前阵子，在小区里散步，忽然听到一阵激烈的争吵。原来是一个带孩子的妈妈和一个保安队长争执起来。

起因大概是小朋友顽皮，敲击了保安办公室的玻璃窗，且连续敲打了几次。妈妈因为在后面走得慢一些，没有马上制止，于是保安队长出来训斥，开口即是："你们这些监护人都什么素质！怎么能乱敲窗呢？平时也不教育好孩子！"

看上去挺文静的妈妈，忽地也像被点燃了："小孩子不懂事，你大人也不懂？不就敲个窗，有你这么说话的！"

两人各执一词，越吵越凶，谁都不甘示弱。孩子无辜地望着妈妈，有路人上来劝解，两人异口同声地说："这事儿不用你管！"

后来听说，男人动了手、女人挨了揍，直到有人打了110，孩子被吓得哇哇大叫……

忽然很为这个妈妈心疼。她的未及时制止，或许只是想保护孩子的童真和天性；她的不甘示弱，或许也只是想保全自己和孩子的体面。可是，这样的结果，实则趋向反面。

保安队长当然也有自己的苦衷。可如果有人段位再高一点，明白对方的表面强势，不过是因为心中有所顾忌和害怕；明白对方的咄咄逼人，不过是情商和说话还不够境界……又何苦为了这点鸡毛小事，闹到地覆天翻。

这样的场景生活中着实不少见。如何才能避免呢？

告诉自己：真正的强大，不是讲话时做出大而且强的架势，不是想方设法扳倒与己不和的观念，而是即便作为当事人，也得跳出事情本身、站在更高的天地看问题。

管理者，不要总把别人当作羊群里的一只羊；被管理者，遇到了太较真和强势的人，也应懂得如何明智地绕行。如此，才能不致被眼前的局面所牵制。

曾经在梁晓声的书中，看到过一段关于国家的精辟论述：

> 这个世界上，大国不少、强国也多，可若论真正强大的国家，却寥寥无几。因为真正强大的国家，不唯指国土广袤、经济发达及军事强盛，而在于他们的品格，应始终保有关怀、同情、平等、敬畏之心。这样的国家，即便表面不占上风，但他们的状态，才更符合世界深层次发展的规律和启示。

或者也可以用这样的说法，来诠释什么是强大的人。

一个人盛气凌人、高高在上，那最多也只能叫“强”；

一个人富甲一方、一呼百应，那最多也只能叫“大”。

而真正强大的人，是敢于直面真实的失败与错误，是在前进中不断修正自己的方法和观念，是即便具有某种强的优势，却从不处处张扬、以强欺弱、以展现自己的优越感……

智慧由听而得，悔恨由说而生。别让说话的方式毁了你的优势。

[**步调**]

品质生活不是拼命透支，而是款款而行

人生越往上走，到达一定的阶段，你越会发现，保持自己的步调、款款而行、活出自己，才是真正的内心强大。

前两天，去医院探望刚做过左乳切除手术的老同事陈姐。

陈姐今年35岁，人很漂亮且特别有才，她担任一家文化公司的CEO，很早结婚却一直还没要孩子。所有知道她生病的朋友，无不为之惊叹惋惜。

但陈姐的积劳成疾，在老友们看来似乎又并不奇怪。

陈姐是朋友圈中出了名的工作狂，典型的对自己够狠和对工作够拼。

几年前，我跟她共事于同一家报社，主编大人要求七天完成的一个选题，其他同事在第三天还忙着搜集资料和联系采访对象的时候，陈姐居然已经高质量地交稿了。

后来和她熟悉了，我们问她何必非要苦熬自己，七天循序渐进地完成，不也挺好吗？

陈姐说："我也不想这么急啊，可总控制不住自己的节奏。心里揣着事，吃不好、睡不香，还不如熬个夜做完，心里痛快些。"

因为陈姐的"够拼"和"够狠"，她的一路成长也的确在我们这些新人菜鸟中比谁都快。她很快就被一家文化公司高薪聘去担任市场总监，两年不到，又因业务出色被升任为职业经理人，全权负责公司的运营、管理、外联和战略发展等。

可是，更大的荣耀和职位背后，也意味着更大的压力和责任。陈姐变得更没有时间休息，她顾不上自己的生活，没时间锻炼，三餐以盒饭为主，不断压缩在家的时间，甚至顾不上和老公在适当的年龄造个孩子。

按她自己的话说：“机会就在眼前、贵人就在身边，项目再沟通一轮就有可能拿下，不去拼一把、试一次、搏一回，简直天理难容、寝食难安啊。”

可是，每站到一个更高的位置上，就好像在白纸上画了一个更大的圈，能接触到的机会越是无限。

陈姐想往上走，这并没有错。然而，生命只有一次，有些损伤却是不可逆的。

好的生活不是拼命透支，而是朝着内心的方向款款而行，且走得长久。

从陈姐的病房出来，同去探望的另一位女友青青说，她其实特别理解陈姐那种根本停不下来的感受。

三年前，青青辞去体制内的工作，开了一家临街的小铺，专卖自己喜欢的衣服。

带着一颗文艺心的青青，当时心里想着先拼个两年、奋斗两年，等店铺的运营走上正轨了，再请个人帮忙看店、自己安心备孕生子，到时候可以一边悠闲地开着小店，一边自在地相夫教子。

最初创业的两年，青青的确够拼。她早出晚归，白天站店、晚上上货，偶尔有空翻翻时尚杂志，都是当成专业书籍去认真研读的。在青青的努力下，服装店第二年开始转亏为盈，第三年小有起色、盈利不错。

可是，当她如原来计划的那般，请了个姑娘帮忙照顾店铺，自己开始备孕时，才发现根本停不下来。

这两年，QQ、微博、微信等一应社交媒体的高度发达，让圈子里同行的动态变得空前透明。

当你周末准备和先生出去踏青，你发现同行小周正飞去韩国上货；

当你准备晚上看场电影，你发现同行小朱正在朋友圈里疯狂刷屏特卖；

当你想要安心敷个面膜，你发现同行小刘以很有优势的价格谈下了一个大牌供应商。

……

当整个行业都在高度地自律和拼命地追赶，你怎么好意思在家里晒着太阳、端着咖啡？这种感觉简直像犯罪。

可是，越忙碌、越紧张，青青的心里越觉得不对。难道当初开个小店的目的不是为了做自己喜欢的事？过更自由的生活？按自己喜欢的方式过一生？

青青决定，不管别人怎么样，她要调整好自己的步调，安排好自己的工作和生活。

如今的青青，孩子三岁、状态良好。

她会在夜深人静，苦读营销书、和供应商剽悍地砍价、收听最前沿的服装微课；也会在阳光灿烂的假期，带上老公孩子直飞关岛，学开飞机、玩浮潜、大晒沙滩浴……

走出自己的步调，才有可能内心从容，真正享受生活的多元与美好。

人生越往上走，到达一定的阶段，你越会发现，保持自己的步调款款而行、活出自己，才是真正的内心强大。

因为每取得了一定的成绩、站在一个更高的梯队，就好像被带进了一个更壮阔的天地、得以触摸更恢宏的世界，继而欲望也被放大、自我正被吞噬……

就好像四五年前，乳腺癌女博士于娟临终所说的那样：

“在生死临界点的时候，你会发现，任何的加班，给自己太多的压力，买房买车的需求，这些都是浮云。若天不绝我，那么癌症真是个警钟，我何苦像之前的三十年那样辛勤地为名为利，这没有一样是不辛苦的，却没有一样可以带去。”

步子迈得太快，被欲望追着走，被生活牵着鼻子走，正让你开始丧失对生活的掌控力。

好的生活是懂得给欲望做减法；

好的生活是回归你所爱的方式；

好的生活是学会与内心平和相处；

好的生活是拥有一份清醒与自持。

……

如此，才有可能不疾不徐、守得初心，款款走下去。

愿你四季就是前路，生活即是江湖；愿你付出甘之如饴，所得归于欢喜。

人物篇

在她们的世界里照见自己

[**杨绛**]

有智慧的女人懂得在家庭、事业和生活中转换

谁的生活都很难，但杨绛的聪明来自“断舍离”和“能抉择”。而她的这种抉择智慧，则来自于她一辈子都在默默地读书、读人、读社会。

做女人难，尤其难在要在不同的社会身份中来回切换。

想像男人一样专注地追求理想与事业吧，往往会让有孩子的家庭顾此失彼，家里的问题不断爆发，工作和生活一团乱；

想安心相夫教子吧，又很容易失去自我，失去眼界与格局，整日局限于自己的一亩三分田，日子越活越憋闷；

想做个职场女性，兼顾家庭事业，可外有“女人结婚就退步”的职场魔咒，内有琐碎家常和小儿牵肠，简直在夹缝中求生存，步步如履薄冰，胆战心惊。

可这阵子读杨绛，却发现这些在她身上都算不上难事：

作为妻子，钱钟书先生赞她是最贤的妻，且绝无仅有地融合了妻子、情人和朋友的身份；

作为母亲，她说“钱媛是我平生唯一杰作”，可见其一生对爱女用情用力之深；

作为儿媳，公公曾对“洋盘媳妇”颇多担心，后来却也赞誉有加；

婆婆更是给出了“以后要跟她住”的至上肯定；

作为学者，她也有自己的一方天地。除却钱太太的身份，她本身是一位集翻译家、作家、外国文学研究家为一体的大家；

作为自己，在女儿、丈夫相继离世后，何其悲恸。她一个人控制饮食、散步浅泳、静心养生，把自己埋首于兴趣的殿堂里，泰然活到106岁。

可以说，杨绛在平心静气间就将各种身份转圜有度，且样样做到出类拔萃。当人们说，这是一位真正洞见人生的智慧老者时，她的智慧也表现在对生活的智察明择和平衡有度上。

且来看看杨绛是怎样为自己的人生“择重点”和“断舍离”的。

某次杨绛与钱穆先生同赴北京，曾得这位国学大师评价：“只看你行李简单，可见你能抉择。”先生识人入微，从这点滴细节就看出了杨绛与众不同的生活智慧。

杨绛自己曾总结说：“我这一生每项工作都是暂时的，只有一件事终身不改，我一生是钱钟书生命中的杨绛。这是一项非常艰难的工作，常使我感到人生实苦。但虽然苦，也很有意思。”

而对于写作，她也说过：“我不是专业作家，只是一个业余作者。生平所作都是随遇而作。从散文、翻译到剧本、小说，每次都是试着写写。”

出生于思想开放的家庭，杨绛其实是个典型的新式女子。但她嫁给钱钟书后，甘为“老妈子”和“灶下婢”，乐于成为男人背后的女人，洗手做羹汤，包揽家中一切事务。

但她又有别于传统的家庭妇女。

钱家最常见的一幕，便是两人对坐，各读各书、各写各字。此时，他们是两个独立的人格个体，各自畅游在自己的精神世界里。

钱家最温馨的一幕，则是她总当他的第一个读者。他每天写多少字，她读多少字。彼时，他们又是两个重叠相知、琴瑟和鸣又相互裨益的伴侣。

可以说读书和写字，一直贯穿和填满着她生活中的大段空白和细碎时光。钱钟书在英国留学上课，她也在图书馆里饱读群书；他习惯每日午睡小憩，她则在一旁安静临帖；即便是挨批斗、扫厕所，她也能闲时捧着一本书津津有味地读。

在他们夫妻的影响下，女儿钱媛也颇爱读书。她说“教育不应该是管教，而应该是启发学习的兴趣”，也正吻合着当今“原生家庭”“氛围影响”“最好的教育是父母彼此相爱”这样的教育观念。

当一个女人把家里养成了一种能量场，女儿的向上成长也就成了自然而然、水到渠成的事，相比绞尽脑汁、煞费苦心的刻意管教，倒是要省时省力又高效快捷很多。

从结果上看，她们的女儿钱媛，也的确是继承了父母的文学素养以及低调谦虚的品格和正直不阿的为人态度。

正是因为杨绛把照顾家庭和读书写字这两件事看得格外重要，已远远凌驾于其他之上了，所以其他的纷繁一切，自然也就云淡风轻了。

面对旧式婚礼的繁文缛节，她满不在意，“不过是一种礼节”；面对苦难，她也“并不觉得有什么难”；面对出书之后的名利烦扰，她只淡淡地说“稿子以外的事，就不是我该管的事了”，依旧闭门谢客，清心读书。

她说自己和钱钟书最想要的仙家法宝莫过于“隐身衣”，隐于世事喧嚣之外，陶陶然专心治学。

正因为此，杨绛的名气远不如她的才华，若不是活到百岁，这一生或许会更加静默。但那又怎么样呢？一点也不影响其成为真正的大家，得一位知交爱人，按自己的心愿淡然走完一生。

比之我们的人生，或者也是一样。

生活原本简单，只是庸人将生活折腾得不堪重负。明白什么是自己真正想要的，什么是真正重要的，剩下的也就是“做减法”和“断舍离”了。那些不紧要的，不足以乱我心智、占我心神；而那些所确实看中的，也就更有时间和精力做到真正出彩了。

我们当然不可能人人都成为杨绛，也不必人人都完整复刻杨绛的选择。

且不说每个人的背景环境和生活追求概不一样，如果都完全活成了一样的色彩，那世界该有多没劲。

但比怎么选择更重要的，是真正拥有选择的能力。

如果说人生就是由一个又一个的选择，叠加、组合而成；那么这种选择的能力，更像一种润物细无声的潜意识，随时随地渗透在我们的生活中。

那么前不见古人、后不见来者的杨绛，是如何获得这种选择能力的呢？纵观她的一生，这种判断力和抉择力，来自于长期读书、读人、读社会的积淀。

杨绛爱读书，这事世人皆知。她曾说一周不读书，就跟白活了一样。当今网络流传的“杨绛语录”，一部分来自于她的译文——看书直接所得；另一部分来自于她的总结和洗练——看书转化所得。

读书不仅让她生活更明智，且在国难当头这样的大抉择时，读书再一次帮了她的大忙。她说：“我们读过许多反动小说，都是形容苏联‘铁幕’后的生活情况……我们考虑再三，还是舍不得离开父母之邦，料想安安分分，做驯顺的良民，终归是可以的。”

杨绛爱读人。最初的读人，来自于她的原生家庭。她说“爸爸说话入情入理，出口成章”，她从父亲那学得了好读书和为人刚正不阿；她说“妈妈要操劳一家大小衣食住用，得空总要翻翻古典文学”，由此学得了做贤妻和做自己的两兼顾。

后来的读人，发展成了读社会。他们一家在等菜上桌的空当，喜欢观察吃客们的言谈举止，像看戏一样着迷。杨绛说：“世态人情，比明月清风更饶有滋味；可作书读，可当戏看……给人以更深刻的效益。”

可以说，杨绛一辈子都在默默地读书、读人、读社会，并不停地加以思考和辨识，这些沉淀，让她站在了一个足够高的高度，可以以更睿智的眼和清醒的头脑做出甄别和判断，成为一个真正心有大智慧的女人。

普通人虽很难达到她那样的高度，但却可以从她的高度里，领悟到她的智慧。学习的最高境界，正是站在前人的梯子上，去触摸到自己天上的云。

作为一个女人，要知道自己要什么，并懂得用智慧的方式守住它。

［董竹君］

在诱惑中保持定力，在苦难中保持得体

董竹君用她的一生告诉我们，当生活遭遇挫折时，我们唯一能做的，只是以不变应万变，在诱惑面前保持定力，在苦难面前勿失体面。

在许多人看来，上海锦江饭店的创建者董竹君的命运似乎很好，然而，其实她比普通人的一生都更加跌宕起伏、大起大落。

14 岁贵为督军夫人，35 岁创办上海锦江饭店，52 岁被周恩来在家中设宴招待，57 岁起连续七届任全国政协委员——这是她人生的峰谷，也是人们普遍认为好运的部分。

出生于大上海的贫民窟，13 岁卖唱青楼；29 岁在病态婚姻中离婚，一个人带着四个女儿历经工厂被炸、创业失败、引资受骗、牢狱之灾，艰辛创办上海锦江饭店；40 岁为躲避暗杀，逃难菲律宾； 67 岁被划为反革命分子，深陷囹圄 5 年——这是她人生的低谷，远比峰谷更厚重。

读她的故事时我反复在想，是什么让她几度化险为夷，总是好运地翻转命运？是什么让她在乱世中看到黎明，总能明辨方向、智慧把握？是什么让她在人世沉浮面前，仿若先知一般淡定自若？

1. 在诱惑面前保持定力

13 岁那年，董竹君因家里贫寒交迫无以为继，被父母送入青楼，沦为卖唱女。

和许多青楼故事一样，董竹君天生丽质且才艺非凡，很快成了老鸨手里的一张王牌。正待老鸨开始算计，如何把这王牌的“初夜”卖个绝好价钱之时，她心中的白马王子夏之时也正翩然而至。

与一般故事里不太一样的是，这位夏之时实为投身革命的真英雄，此时的他自己也正深陷险境，遇到袁世凯大肆搜捕革命党人，并以三万高价点名悬赏其人头。

正在双方都处于深陷火坑的焦灼绝境之时，一位革命党人夜闯其房为她带话：“夏爷处境很危险，大家劝他去日本躲避，可他为了你，不肯去……他要亲自前来，可这太危险了……他让我来问你一件事，你愿意做他的妻子吗？他要确定这个，然后带你一起去日本。”

而与普通故事更不一样的是，董竹君竟然在这样的情形下，很快冷静并提了三个条件：“第一，我不做小老婆；第二，带我去日本求学；第三，从日本读书回来，我们要组织一个很好的家庭，他主外，我主内。”接着，她神色坚毅地补充：“告诉他，我不要他给老鸨一分钱——我要自己逃出去。”

她要这辈子堂堂正正地做人，她要以树的姿态和他比肩站立，她要发挥自己的价值而非依赖任何人。

起初，我并不能完全理解。如果对方的一言一行都写满了真爱，女人为何还一定要谈条件、摆姿态（尤其在危难之时）？为何一定要在乎那些莫须有的形式和名头（尤其在那个年代）？为何一定要自己铤而走险、倔强逞强（尤其对方比你强）？

后来慢慢品味她的故事和我们的人生才明白，女人必须在爱情面前保持定力，不被眼前的幸福冲昏了头脑，要在重要抉择面前更以冷静的眼和清醒的心，去做甄别和判断。这份定力，才是真正以正式而珍重的态度，去对待这份爱情。

阮玲玉曾说“我这个人就是经不起别人对我的好”，于是很快投入唐季珊的怀抱。可他的“好”只是想征服她，作为他的战利品。后来在新欢与旧爱的对峙法庭中，她终是无以承受而自尽……

又岂止是她。多少女人在爱情面前乱了方寸，智商为零，后又反受其害，自吞苦果。

再看董竹君，正是这份难得的定力，让她不仅能在爱情中进退有度，更让她在乱世漂泊中受益无穷。

董竹君 35 岁创办上海锦江饭店，作为一个富裕单身女人，各种诱惑干扰，爱情的、政治的、经济的，简直司空见惯。

其中有国民党要员几次游说其加入，后又有显赫高官向其示爱，但都被她巧妙回绝了。有人说，董竹君很有远见，没有跟错人、站错队，否则她的后半生就不一定是这样了。

可一介女子如何能在那样的时代里步步神机妙算？

不过是懂得每一次在“行大运”“捡馅饼”等美事面前，保持绝对的清醒与警惕；懂得坚持原则、守住底线，用最朴素的人生观看待这个世界，所谓大道至简也。

2. 在苦难面前保持体面

要说董竹君这一生所经历的苦难，实在多到难以言尽；可要说她每一次在苦难面前的特质，却也很鲜明，是体面。

按现在的说法，董竹君离婚属于净身出户，且还带了四个女儿和一双老人。日子艰难到常常需要典当一些旧衣物（本就不多）勉强度日。

可尽管是这样，大女儿国琼某次扑倒在妈妈怀里，浸满泪水地说：“我们的生活没有原来那么富足，可是，妈妈，你知道吗？我们在学校里还是穿得最体面的！谢谢妈妈！”

这期间，某次遭两个国民党小兵恶意搜查，小兵环顾四周，眼神迷蒙地说：“看这房间布置的，都抵得上我这辈子见过的蒋委员长的房间了。”接着又打开衣柜，逐一摸过每件衣服，“看看这质地和款式，都是宋夫人穿的那种吧！”

其实，房子是租的，家具是二手市场中淘的，衣服是曾经做贵夫人时穿的。董竹君只是更懂得装点和经营生活，更懂得体面地活而已。

我曾经并不十分理解。女人是否有必要，在生活的窘境和潦倒中，还要苦苦坚持一份看似不切实际的所谓体面？

后来也是在读她的故事中慢慢明白，所谓体面，首先是一种策略。在这个“以貌取人”的社会，她将自己装扮体面，是为在招商引资中更好地脱颖而出；她将女儿装扮体面，是为别人不轻看她们，更好地得到尊重和认真对待。

其次，投资人的“以貌取人”也并非无其道理。与其考察企业的门庭装潢和账目流水，不如看一看这位掌门人能不能将焦灼的生活收拾得清爽利落，有没有化苦涩为清泉的人格与能力。

再次，这种坚持对董竹君来说，更是不向苦难屈服的一副傲骨，是她“向美而生、向上而活”的精神信仰。

正是这种对美丽和美好生活的敏锐感知和执着向往，让她这一生除了受到更多的尊重与仰视外，也助她在所经营的事业中大放异彩。

她的锦江饭店从小小的锦江小餐，到锦江川菜馆，得以到后来地标式的锦江饭店，除了依靠可口的菜肴和周到的服务，更还有别具一格的装潢、品味与风貌。

“锦江”所用的瓷器餐具上都印有专用的标记——竹子；店内的照明是意大利雕塑台灯；店面的招牌配有长方形乳白色的霓虹灯，中文“锦江”二字之上是英文的King Kong，收款台的背景墙上写着董竹君的两句话“君若满意，请告诉朋友；君若不满，请告诉我们”。这话一直被广泛引用到现在。

店里的格调、氛围以及装饰、用具、天花板、壁板，都是她综合中、日、菲、欧的各种风格，细心营造而来。一个讲究的女人，身边的一切都写满了考究；她把对美的追求变成了店内的视觉休验和美学感受。

如今的锦江饭店，依然是大上海的地标式建筑，亦是董竹君一生的显著标志。据说锦江饭店的命名，是源于后人为董竹君很欣赏的一位唐朝女校书薛涛写过的一首诗。

再看这首诗，何尝不是董竹君一生的意味与写照：

望江楼上望江流，
人自望江江自留。
人影不随江水去，
江声不断古今愁。

波涛滚滚为人生常态，唯愿清醒自识，而非随波逐流。

[**张茂渊**]

从中国第一剩女张茂渊，看女性究竟要什么

独立、自主的女性时代，涌现出了许多优质的“三高剩女”。
她们信奉低质量的婚姻，不如高质量的单身。

大龄单身女究竟该怎么爱与生活，或者可以看看这一位：

她，出生于晚清没落的贵族家庭，外祖父是晚清重臣李鸿章，父亲是大臣张佩纶，侄女是民国才女张爱玲。

她，是典型极致的“三高女”。高学历——留过洋且是留学生中的瞩目明星；高资产——丰厚家族遗产打底；高收入——职业女性中的标准女金领，且颜值不低，是张爱玲笔下最“精致智慧”的女人。

她，78 岁才嫁人，且披上婚纱、嫁给初恋。

她是张茂渊。

这位民国剩女的“三高特质”，和新时代下的三高女性，几乎别无二致。她们见识更广博、心态更开放，有底气不依附男人，有色彩斑斓的生活爱好，一个人也可以过得丰富有趣。如此，自是不愿为了嫁人而嫁人的。

但她们中的大多数也不是不婚主义。在她们眼里，若要嫁，当然应该嫁给爱情。

而什么是她们眼里的爱情？此事又从张茂渊说起。

1. 要嫁就嫁给爱情

每一段爱情都是从心动开始，张茂渊也不例外：

23 岁那年去欧洲留学的船上，她遇到了公费留英的青年才俊李开第。她的清雅高贵气质让他过目难忘。她晕船，他端茶、递水、送热毛巾。他在甲板上用英文深情地诵读拜伦的诗歌，陪她在船头看夕阳染红的天空。坊间对俩人的这段相遇也传得活色生香，“风起的时候为她披衣，寂寞的时候为她诵诗”，这就不难理解，她会因此而动心。

且不说俩人由此一见倾心而后念念不忘，从此开始一段不了缘。单说女子动心这件事，是因何而爱呢？

她们爱的，大概是那细枝末节的关心，是那共话诗语的缠绵，是能够一同仰望和触及的明天，还有那铁尺男儿刚毅外表下独独对你的一片深情。

听上去好像不过如此，但表象背后往往意味着更大的深意，这些细节、言行，甚至他的每一个表情，诠释出了两个字：懂你。

“懂你”，对女人意味着什么呢？

因为懂你，所以知道当你抱怨被蚊子咬了，只是想得到他的关心，而不是怨你一点小事也惊怪；因为懂你，当你说喜欢雪莱，他会自然地吟出“浅水是喧哗，深水是沉默的”，而不是告诉你“冬天到了，雪就来了”；因为懂你，当你说梦见了古罗马的斗兽场和万神庙，他会带你共赴欧洲领略古文化，而不是整日拘于脚下的一亩三分田。

别林斯基说，爱情是两个亲密的灵魂在生活及忠实、善良、美丽事物方面的和谐与默契。想要两颗灵魂的深度共鸣，首先就是要“懂你”。

要说女人因懂而爱，张爱玲也必是其中之一。她与胡兰成初次见面，就畅谈了五个小时之久，从品评当下流行作品，到文化、历史、艺术、生活……人生难得有一投缘知己，二人自然相见恨晚。后来俩人每每在一起，也是“喁喁私语无尽时”。

世人多不解，在文字方面通透的天才女子张爱玲，如何会爱一个大自己 14 岁、有过二妻的汉奸胡兰成。对此，她只解释了八个字：因为相知，所以懂得。

但胡兰成显然并不是真的懂她，或者说他只是懂得一些获取女人芳心的小伎俩（他倒因此而一生俘获八枚女子）。那最多也只能叫作“懂得”，而不是“懂你”，因为懂你，必然也会疼你、惜你、珍重你，并只是对你，独一无二的你。

而什么样的男人能够“懂你”？最基础，自是要与你有着共同的爱好与话题，和你有着共同的生活期盼；如若可以，他还要比你略高一筹，在见识广博上略强于你，在胸怀气度上略宽与你，在做人思虑上略深于你……你能够时时以倾慕之心仰视他，他能够时时以俯就之心包容你。

可又如何去寻找这样的男人？此时方明白，中国数百年来讲求的婚配标准——门当户对，自是颇有深意。倒不是苛刻追求硬件上的匹配，而是相似的家庭环境、成长经历、教养学识，自然培养出相似气质的俩人，总不至于爱好、生活、语言、追求，都相去甚远。

女人们自然明白这世界上没有满分的男人，一般遇到个七八十分的，也就嫁了。可“三高女性”即便是把要求降到及格，合适的男人也是可遇而不可求的。与其在爱情里鸡飞狗跳，倒不如一个人清静自在，绚烂多彩。

2. 没有他，我一个人也很好

又说回张茂渊，她真是那种一个人也可以过得很好的女子。

她在工作上风生水起，且是个标准的女金领。早期她在电台读社论，大概属于那种“又闲又多金”的工作，她说：“我每天说半个钟头没意思的话，可以拿好几万的薪水；我一天到晚说着有意思的话，却拿不到一个钱。”显然她内心是不大喜欢这份工作的，之后她便“跳槽”到戏院，为国外原版影片做现场翻译，成为中国最早的“女性同声翻译”，后来又“升职”，被总经理看重并聘为机要秘书，且一做就是十年。

她虽然没有因工作而大富大贵，但她的人生何尝不是现代女性版“升级三部曲”。

她在生活上也过得有趣多彩。据张爱玲回忆说，她在与姑姑同住的十年，俩人共居在高级公寓里，过着饶有品位的小资生活。姑姑喜欢唱歌、弹钢琴、画画、买时装，生活很是自得其乐。张爱玲有一篇文章叫《姑姑语录》，其中写道：“有一天夜里非常寒冷。急急地要往床里钻的时候，她说：‘视睡如归。’写下来可以成为一首小诗：‘冬之夜，视睡如归。’”

她说话时而清平见智，时而俏皮可爱。在言语间有趣的人，在生活中大多也是有情趣的吧。

她在心态上也豁达漂亮。她与李开第那段才子佳人的故事，倒没有就此收获一段圆满姻缘。后来李开第娶了另一位姑娘，张茂渊是那次婚礼上的女傧相。那场仪式上，她落落大方，十分得体。

后来张茂渊也不是没有尝试过新的恋情，但如果看清对方并不合适，她也绝不飞蛾扑火（比之张爱玲和黄逸梵这对母女各自的爱情，张茂渊确实睿智了太多），她用理智挡住自己继续沉沦，继续做那个云淡风轻的自己。

有一段故事不得不说。李开第婚后与妻子生活可谓美满，他们夫妇与张茂渊也一直保持着不远不淡的友谊。后来“文革”期间，年过古稀的李开弟被打成“反革命”，每天天不亮就得穿上长筒胶鞋去窄巷子里搞卫生；张茂渊作为封建官宦的娇小姐，日子也异常艰难。但可敬可佩的，正是独立、勇敢、真挚、坚强、不退缩的张茂渊，隔三岔五为他们夫妇送些吃的用的，用她那双弹钢琴的手帮他扫地，帮他们共同度过了那段最艰难的时光。

后来，岁月也算成全了她这一生的传奇，为她的书写了一个大团圆的结局。但若没有后来与他的机缘，她大概就此一个人一生，那也很好。

女人需要男人，并不是需要一张长期饭票、一个生活劳工。女人越独立，越能看出她们内心真正想要什么。她们要的，不过是一份真挚浓烈、足以照耀内心的感情；一份饱满生动、让灵魂丰盈的生活。

若他能给，当然很好。若是不能，女人自己亦可过得，如春光明媚，如秋日丰饶。

［盛爱颐］

拿得起是生存，放得下是生活

拥有后的放下，并不比当初拿起容易；但放下后的生活，倒也没那么差劲。

一个女人什么时候最美丽？

大概是她步入婚姻殿堂的一刻、登上事业丰碑的一刻、怀抱新生婴儿的一刻……

其实这些都是一些至美的临界点，源于她此前无数的努力，也考验她此后能否去驾驭。

而一个女人怎样一生都美丽？

则是她在每一个美好临界点的前后始末，所始终保持的一种姿态——努力去得到、能够去驾驭，但也不畏惧失去。

在我眼中，昔日上海滩之豪门贵女盛七小姐、中国第一桩女权案的女主盛爱颐，正是这样一个女子。她用一生去诠释了：爱钱、钱财，拿得起、放得下——这才是女人最好的姿态。

1. 爱情：相爱时，不负你；相忘时，不缠你

20 世纪二三十年代，出生于“上海滩最大的资本家”盛宣怀之府的盛七小姐，曾与宋子文有一段青涩初恋。

当时的宋子文，刚从美国留学归来，在姐姐宋霭龄的引见之下成为盛家老四的英文秘书，由此频繁出入盛府。

一个是热情爽朗、博闻强识，既有欧美雷厉之风又有传统、儒雅之度的翩翩才俊；一个是出身高贵、优雅大方，又吟诗文、巧刺绣、精于社交的名门千金，难免，俩人暗生情愫。

可是呢，这段感情很快被盛家瞧出端倪，并遭到反对。因为这并不是一件门当户对的婚姻——当时盛家是显赫大户，而宋家只是普通富商。所以，作为英文秘书的宋子文，很快被明升暗降调到武汉，盛家试图以“调虎离山”阻隔二人。而宋子文到武汉没几天，又折回上海，继续追求七小姐。

当时的七小姐，大概遇到了她人生中的第一道感情难题——一边是家人的极力反对，一边是心上人的热烈追求。

既不想失去家人，又不想错过爱人，七小姐冥思苦想，决定拉上自己八妹，一起赴宋子文的约，和他保持着约会、逛街和聊天。

当时盛七只有十六七岁，她的这一“解决办法”，说不上有多高明（是一典型精于社交与周旋的姑娘思路）；但至少不盲目、不冲动——既给了爱情一次机会，也给了自己一次更好的观察、思考和缓冲问题的机会。

但是不久，这种两难的平衡也被打破，因为宋子文得到一次个人发展的良好机会——他要南下广州，追随孙中山，当然，他也力邀她同往。

再次陷入矛盾的七小姐，在痛苦徘徊之后再次做了一个折中的选择——她在离别的车站，以一枚金叶子相送，并含情脉脉地说：“我等

你回来。”

宋子文失望至极，但又无可奈何。他以为她在拒绝他；其实只是他不懂她。

“金叶子”在当时是上流社会送人的礼金，比直接送人钞票要高雅些。但对于盛爱颐，这大概是一份爱的信物，宛如古时穷秀才上京赶考，贵千金悄悄塞给他的“贴身小物”——望你高中归来，我俩名正言顺，得到世界的期许与祝愿。

或许俩人都没错，只是他们对爱情的理解有别——她爱得更保守，期望爱是圆满；他爱得更纯粹，期待爱是不顾一切——以至于两人只能错过。

但她始终不是先辜负的那个人。宋子文荣归故里之时，已是“使君有妇”，带着夫人高调出入各种场合。盛爱颐却还独守着誓言，听闻后大病一场，直到32岁才和母亲家的一个内侄婚配。

相爱时，不会先负你；相忘时，也不暧昧纠缠。

后来，宋子文出于各种心态想再会七小姐，但都被她果断拒绝。某次，盛家兄妹在淮海路大院里聚会，盛爱颐接到电话赴约。一进门才发现宋子文也在场，这是一场特意安排的局。盛爱颐草草应酬几句，随后拂袖离去。

后来有家人朋友批评她不够领情，她戏谑地说：“大家都有了自己的生活，何必再去惹麻烦。何况他正是高官厚禄，春风得意，我又何必巴结他？但话说回来，他那把金叶子还没还我呢。”

这一直是我想想就提气的一个场景，也是我个人特别欣赏她的地方——不是当初那份爱，也就别谈今天这份情——我可以为爱坚守，也可以不畏放弃。我可以输了你，但绝不会输了我自己。

正是因为她的这份高贵，宋子文始终不曾看低她。后来盛家衰落、盛毓度入狱，左右无门之时，盛爱颐被家人央求致电宋子文（时为国民政府行政院院长），此事很快得到解决；后来宋子文辞去职务、离开内地时，也曾专门委托一位民主人士，嘱托其对盛爱颐给予关照。

2. 钱财：拿得起，是生存；放得下，是生活

这位出身优越，并很好地承袭了优秀基因、深得父母宠爱的七小姐，其实一生并不顺遂。

父亲在她16岁时去世，曾留下巨额财产；直到母亲11年后去世，这场关于遗产所引发的轩然大浪，也正式登场。

按说盛宣怀走时已留有遗嘱，一切已清清楚楚，五房子孙是直接受益人，女儿们除嫁妆外并不具有继承权。

可偏偏子孙们在这中间又动了心思，把本该属于遗产中非可继承的一部分——用于建立愚斋义庄的费用，一部分因解散而充公，一部分欲五房再行均分。

七小姐不服，这笔资金既然未遵照当时遗嘱而得到重新调整，那么按照当时的民国法律，未出嫁的女子也有继承权，那么就应该分成七份，七小姐也有权分到一份。于是七小姐向盛老四提出要十万银圆出洋留学。

可盛老四不同意。自己的钱都不够花，何来心思顾及其他！

于是，这位在新思潮鼓舞下的上海滩新女性、这位承袭了父亲胆识和气魄的七姑娘，选择坚决维护自己的应得权益——将三个哥哥及两个侄子告上法庭，从而成了盛况空前的中国女权案的第一人。

后来这场案件经过激烈的辩夺，最终宣告七小姐胜诉，可以分得先人遗产五十万元。

也正是这五十万元，成了七小姐事业上的第一桶金，她趁热打底，趁着名气、社交基础和人脉，建成了被外界赞为“远东第一乐府”的百乐门舞厅。三层楼高的美式风格大楼里，出入皆是当红明星及政商名流。盛爱颐也因此成为中国第一个涉足娱乐业的女企业家。

只是，风云变幻，人生沉浮。

天命之年的她，先生莫名被打成反革命，接着儿子稀里糊涂成了右派，再是女儿被下放到福建教书，然后房子被占据、家里的东西被搜刮殆尽，她被赶到一个汽车间里。而化粪池口就在这个汽车间里，常常有拉粪车停在门口，把管道拉进车间里进行抽粪。

从云端到底层，也不过是一瞬间的事。这位一辈子都高傲、优雅、好强、果敢的名门之女，在如此际遇之下，又怎么样了呢?

据说当时往来行人常常能看到这样一副画面：一个老太太，拉着一把小椅子，十分优雅地坐在门口，有时拿着一支雪茄（当时盛家的亲戚多已移居海外，知她落难，时有接济），幽幽地吐着芳香，如雾里看花一般，看着熙熙攘攘的街道和菜场。

繁华三千，不过过眼云烟。

原来，女人一生的优雅，来自于内心的强大。

知道什么时候必须争，什么时候要去放；可以争得漂亮，也可以放得洒脱。

她的此般放下，并不比曾经拿起容易。但放下后的盛爱颐，生活得也并不像境遇般差劲。

她走的时候 83 岁，一双儿女在侧，一脸镇定、从容、体面、安静地合上了双眼。就好像当年在淮海路大院里，那次遇见宋子文时的一个优雅转身。

爱情、财富、生死，贵在如此。

[张兆和]

做得了小仙女，也当得了小妈妈

曾经我们都是小仙女，活在家人的羽翼下；如今我们都是小妈妈，用爱全力支撑一个家。

前阵子，小儿多病，我日日辗转于家与医院间，在病房里遇到了一位不太一样的妈妈。

医院里的妈妈，大都神情憔悴、满眼倦色，也顾不上太修边幅，要么举着挂号单、怀揣病历本，冲锋陷阵式地奔走于各个诊室；要么趁着孩子打针睡着的空儿，自己也蜷缩在病床一角，刷刷手机、和衣而眠。

这样子真是一点都不奇怪。凌晨来医院急诊科的妈妈，大都是结束了一个忙碌如常的白天，却遭遇了一个无法安睡的夜晚。孩子哭闹不止、高烧不退，还难受不已，当孩子妈灌了药、喂了水、敷了额头、哄了又哄，反复量了体温，依然不见好转。妈妈们束手无措之下，只能一边利落地拎起大包，将小儿常用药物、口杯、衣服等一股脑塞了进去，一边匆忙换下衣服，带着孩子直奔医院。

紧跟着是连续几日的打针和住院，就算平日里再清丽的妈妈，也难免灰头土脸、面无好气。

但这位妈妈不一样，她穿着纯色的棉布衣、平跟鞋，齐耳短发，不施粉黛，却有如病房里的一抹亮色。当别的妈妈面对孩子的哭闹和索要，难免失控大吼时，这位妈妈却是始终如一的温婉冷静；当别的妈妈逢饭点从外面买来盒饭、面包时，这位妈妈却变戏法般地取出自带的小米红豆莲子羹。

我忍不住想，家庭生活中都是“一地鸡毛”，养儿路上都是“千头万绪”，凭什么她就能精致优雅？仿佛一个不食人间烟火的仙子，明明身在病房，又好像置身事外。

我试着和她攀谈，想从中寻找答案。可是聊起带孩子的繁和做女人的难，她的回答大多是“是啊，都一样”“对啊，我们家也是”“别急，慢慢会好的”……

看起来只言片语寻不得答案，但或者，这也是生活最真实的答案。

我不禁想起了另一个名女人，她叫张兆和。

很多人知道她，或者因为她是“九如巷张家的女儿”。叶圣陶曾说：“张家的四个才女，谁娶了她们都会幸福一辈子。”这赫赫有名的“张家四千金”，名声仅次于“宋氏三姐妹”，她们被誉为是“民国最后的大家闺秀”，各个学贯中西、风华绝代。

很多人知道张兆和，或者因为她是沈从文的夫人。她是他长达五年炽热的追求；她是他无数家书倾诉的对象；她是他《边城》《长河》《三三》多部作品的创作原型。他曾为她写过：“我行过许多地方的桥，看过很多次数的云，喝过许多种类的酒，却只爱过一个最好年龄的人。”

我之所以会想到她，或许因为她在我心里，真是个仙子一般的存在。她出生在富贵又开明的家庭（父亲张武龄是一代开明教育家），又养在苏州柔软细腻的张家花园大宅里，每日接触的都是小桥流水、诗词歌画。相片里的她，不仅标致秀丽，且有一种难以言说的美丽，仿若遗世而独立。

她读中国公学时如众星捧月，追她的人从来络绎不绝。可她就像崖壁上的仙草，脱俗孤清，却是一般人难以企及。

她的老师沈从文，不过是芸芸追求者中的一个，据说排到“癞蛤蟆13号”。她在他心里如高贵圣洁的女皇，而他自比她的奴隶。他把那颗炽热的心，揉成一片片伤心又温柔的花瓣，化作一封封信寄给她。然而只见黄鹤去，不闻雁飞来。

后来，时光总算不负他，也不算负她。最好的时光里，才子配佳人。

可是那又怎样呢？再仙的女子，再真挚的感情，再雄厚的家世，也照样逃不开一场人间炼狱。

当苦难接踵而至时，曾经养在深闺、泡在蜜罐的她，恐怕比普通女人更难应对吧。

1937年、1948年、1969年，是沈从文一生中的三次劫难，更是这个家庭的劫难，且一次比一次严重。

在沈从文的信里，她从娇憨的“小女人”变成了坚强的“小妈妈”，这位曾经高不可攀的张家三小姐，在患难之时的担当，使他们危城之下的小巢，依然有家的慰藉和温暖。

1949年沈从文写给张兆和的信里，曾有这么一段：“小妈妈，生命本身就是一种奇迹，而你却是奇迹中的奇迹。我满意生命中拥有那么多温柔动人的画像，更感动云南乡下八年，你充满勇气和精力来接受生活的情形，世界上那还有更动人的电影或小说，如此一场一景都是光鲜艳丽，而背景又如何朴素……”

此前三年沈从文也提起过：“最应该感谢的，还是兆和，体力方面的健康，与性情方面的善良，以及在困难中的永不丧气，对家中事、对职务永远的热诚，这些都是使一家大小快乐的原因。”

可是，仅仅这些，又怎么囊括得了他们这一生的丰富与真实。

就算抹去战争、政治、劳改，这些苦难岁月里的特殊符号，他们的漫漫人生路，也一样有平凡婚姻中的厌倦、争吵，甚至出轨和隔阂。

或者真如美国婚姻专家温格•朱利所言：“这个世界上，即使是最幸福的婚姻，一生中也有200次离婚的念头和50次掐死对方的想法。”如果将这句话再放大些，放入我们的生活，便会发现：这个世界上，即使是再美丽的人生，岁月里也有走投无路、阴暗低潮和崩溃无措的时候。

可既然古往今来，谁的人生都是一场艰苦卓绝，凭什么有的人能一直保持着那份淡然脱俗和优雅高贵?

我又想起了李清照，想起了孟小冬，想起了盛爱姬……

以前我总认为，一个女人的优雅从容，背后必然包含着良好的出身、丰富的学识、殷实的家境和体贴的爱人。

可这些她们都曾有过，却并不能为她们将岁月里的跌宕起伏改写为一马平川，亦不能帮她们把生活里的五味陈杂化为一味甜蜜。

该面对的岁月沧桑和人生无常，她们一样不少，甚至比谁都多。但幸运的是，她们的人生，宛若已经历了太上老君的炼丹炉，是真正的通透和淡然。

如果说淡然优雅是她们始终向美而生的生活态度。那么这种淡然，绝不仅仅是因为看过多少书、培养了多少爱好、有多高贵的气质修养；也不是不管世事如何，只沉醉在自己的诗词歌赋、桃源山水和舞文弄墨里。而是懂得将读过的书和走过的路，变成面对苦难的力量和智慧；懂得将兴趣爱好变成苦难生活的点缀；懂得拔出心里的苦，找到生活里的甜；懂得源源不断地自我供给，去面对内心深处的失落、焦虑、恐惧、不安与世事无常。

又或者，我们都曾是仙子。少时，在家庭的荫护和父母的宠爱下，我们都是那个不谙世事的小仙子，天真善良，简单明媚，十指不沾阳春水，少年不识愁滋味。

但真正的仙，不是一直活在别人的庇佑下，兀自快乐；而是有能力保护别人，给他们快乐。

[**萧红**]

那块短板，就像岁月里的恶作剧

我们或许永远都没有办法成为一个完美的人，但是自知短板，正是为了让我们懂得避开暗礁与危险；自知短板，是当我们面临更多诱惑或困难时，懂得对自己说：要冷静，别鲁莽。

萧红，是一个让我一直难以起笔的女人。

有时朋友也会谈及萧红，有人说她太作，说她的人生悲剧都是自己作出来的；也有人说，正是因为她活得真实，所以才成就了这样的萧红，一个“文学洛神”的萧红，一个明明笑到灿烂却让你觉得是化不开忧伤的萧红。

在这样的聊天里，我总是哑然。正如同我无法回答，生命究竟是该求一份长久的平和圆润，还是求一瞬间的浓情燃烧？

如今，能够写她，或许是在品味和咂摸了更多的人生滋味之后。

多少人如萧红，生于长板，死于短板。

所谓长板，就是那个漫漫人生路上，无论何情何境，都能让你发光的特质。

萧红的长板不难捕捉。她思维敏锐、富有灵感、大胆前卫，又总有一种与岁月抗争的刚强与韧劲。

正是因为这样的长板，让鲁迅先生于千万人中独独宠爱她，说她是“中国当代最有前途的女作家”，他评价她的文字“将北方人对生的坚强、对死的挣扎，力透纸背”。

他喜欢萧红的文字，更心有戚戚焉地喜欢着萧红身上散发出来的特质，包括她在封建家族里的抗争、她对文学的敏锐执着、她字里行间所渗透的情绪记忆、她羸弱的身体里绽放出来的刚强意志……

许多人说，若没有先生的厚爱，萧红的文学成就绝没这么耀眼。诚然没错。但长板却是那个无论在何情何境，总会发光的东西。

正因为她极富才情，在认识先生以前，就已经凭借《王阿嫂的死》《弃婴》等文，引起了哈尔滨文坛的广泛瞩目。

正因为她思维敏锐，著名的战地刊物《七月》之名，才在某次筹备会议上，经萧红灵光一闪，以“七七事变”为铭记、为开端，而赋予的。

正因为她富有灵感，在端木的晚年回忆中，还饶有兴趣地记录了某次散步，她说“你看，那手电筒射出的光，像不像海蜇在海里浮游”。她的灵气和思想，让她的文字和为人，都带着一种特立独行、清新袭人的气质。

正是因为她生得坚强，这一生流亡七座城市、辗转四个男人，却从来没放弃谋生与谋爱的希望。快乐的日子里，她写情诗、逛公园、做旗袍；不快乐的日子里，她将悲凉诉诸笔上，却写出了一种苦涩的幽默和灵动的芳香。

直到死亡笼罩床前，依然是那句“不甘，不甘”……

如果没有战争、没有疾病、没有遇人不淑，她这一生大概会很好吧？

却也未必。

有当代学者品评萧红，说如果仅将她的悲剧看作是命运的不公，则恰恰是对其丰富内心的巨大遮蔽。

人们难以理解，为什么她当年轻易放弃的男人，后来又轻易地成为她的委身对象？

人们难以理解，为什么她每次嫁人时，肚子里都怀着另一个男人的孩子？

人们难以理解，为什么她还没舔舐好上一段感情的伤，就几次三番跌入到下一段感情？

人们难以理解，为什么两次都“主动放弃”自己的孩子？

人们难以理解，为什么能总在同一个深坑里，跌上无数次……

都是男人的原因吗？可是被称为“祸首”的萧军和端木，却分别在她之后，与另外的知性女子平静相守到白头；

都是时代的原因吗？可所谓“黄金时代”，不就是“最好又最坏的年代”。即使出生在盛世一路顺遂，也有可能因经不起风浪而一蹶不振。

没有偶然的不幸。或者，只是因为每个人性格里的短板。

那块短板，就像是岁月里的恶作剧、成长中的拦路虎，总会出其不易、避无可避、宿命般地出现在生命里，瞬间遮住你本来的希望，你的光。

萧红的短板究竟是什么？

是源自内心的怯懦、难以抚平的焦虑、恣意增长的任性，还是无视暗礁的鲁莽？

我不敢妄论。

但那些让你人生路上屡屡触礁的因子，才是最值得每一个人去正视和严肃对待的东西。

我之所以想提笔写写萧红，或者因为身边处处是萧红。

人人身上都有长板，我们都希望做那个让长板发光、最好最灿烂的自己。所以，每当我们工作中出现瓶颈、生活的满地琐碎让人窒息、从爱人眼里的西施变成怨妇或遭遇他人的冷眼质疑时，我们总想着，换一份工作、换一所城市、换一个爱人、换一种生活方式……那么一切一定会好一些。

诚然，经过内心几番斟酌的“另一种选择”，可能确实是更适合让长板生长的土壤。曾几何时，我们也因自己做了这个正确的决定，而在新的土壤里快速明媚地生长。

可是不久，问题又来了。“短板”怎么总好像早已潜伏在你必走的每一条路旁?

长板蕴含着你可能达到的高度，而短板则直接关系着成效。我们因长板而受益，因短板而招损；我们为拔高长板煞费苦心，而短板一瞬间就能将所有努力付诸东流。

那么我们怎么办呢?

我们自然没法成为一个完美无缺的人。但至少，我们必须正确认知、正视和敬畏我们的短板。

很多时候，我们并不是死于短板，而仅仅是死于对自身短板的“无知和无畏”。

因为无知无畏，在问题来临时，我们总是鲁莽地做着一些逃避问题的决定，而把自己推向问题的另一端，拿无知对抗短板。

我们用一种令人生畏的举动去换来轻率的自信；我们为避免一种问题而匆匆走向它的反面；我们轻率地对抗着人生的不确定因素；我们甚至在危险面前浑然不自知。

萧红，或者亦是如此。她在同样的问题上反复跌坑，或许只是从未意识到究竟什么是她的短板，她鲁莽地做着一些逃离问题表面的决定，却在拿无知无畏去对抗着人生更多的不确定。

我们或许永远都没有办法成为一个完美的人，但是自知短板，正是为了让我们懂得避开暗礁与危险；自知短板，是当我们面临更多诱惑或困难时，懂得对自己说：要冷静，别鲁莽。

自知短板，是克服短板的第一步。

[**石评梅**]

遇见渣男后，微笑向前走

多疑和不相信，伤害的从来都不只是别人，最终还是自己。

这是一个真实的故事。

从前有一个姑娘，十八岁那年想要去北京求学，父亲就拜托了一位自己在京的学生，希望能多一些照应与方便。

这位学生是位英俊儒雅的男士，而女生呢，是位情窦初开的姑娘。一来二去，他们陷入了恋情。

这位男士对姑娘十分用心，他常会不经意地出现在她面前，带来一束花、一本书或一些礼物，陪她散步、聊天、看电影，聊一些时新的话题，设置一些温暖的场景，带给她一个又一个小惊喜。

姑娘很快坠入情网，他们甜蜜恋爱了三年。直到某一天，男人才找到一个合适的机会向她坦白，自己其实是个已婚男人，而且，还有俩孩子。

真是一个俗气老套的剧情。可具体到女孩身上，这是她一片赤诚的初恋，再加上她本就是个本分孤傲之人。三年里的一幕幕，如今真是如芒在背。

然而，这段婚外恋并没有马上终结，因为男士一直在苦苦哀求和表白，他是多么爱她，多想和她组成一个家。

直到两个人的纠缠变成三个人的对峙，男人的老婆发现了……毫无疑问，三人的撕扯让姑娘受到了更大的伤害，她看尽人性的自私与冷血，以及男人的谎言、女人的可怜。

按说，谁的青春没遇上过几个渣？谁不是碾碎了、踩过去，然后大步流星地走下去。

可女孩不。那段感情对她伤害太深，让她坚定地抱上了独身主义。

命运真捉弄，这时候，另外一个男孩走向了她（为叙事方便，下文称宇）。

宇其实是个非常优秀的男孩，他是北京另一所高校的学生，且是学生中的领袖，属于年少有为、意气风发的那种。

宇知道她刚受过一段感情的伤，所以也不急于做她男朋友，只是尽可能抽时间看望她、陪伴她，带她见积极阳光的朋友圈，和她聊充满理想的新希望，只愿能尽快带女孩走出悲伤。

当他觉得女孩没那么抗拒的时候，就小心翼翼地给她寄了封情信。雪白的信封里只装了一片红叶，看上去是新采摘的，枫叶的背后写着两排字：满山秋色关不住，一片红叶寄相思。

可第二天，他就收到了女孩的回信，除了把那枚红叶原样寄了回来，还多了一句话：枯萎的花篮不敢承受这片鲜红的叶儿。

第一次告白失败，但宇也没放弃，期望继续用自己的关怀与包容，一点点来暖她那颗冰冷的心。这期间，她没有拒绝继续与他做朋友，可能她自己也说不清到底对宇是什么样的感情。只是每当宇的心进一步靠近，她都会冷冷地抽身事外。

当他又一次觉得看到希望，憧憬他们的爱情时，她再一次冷淡回绝，说只会与他保持冰雪友情，做唯一知己的朋友。

可能已经有人读出了故事的主角，男孩叫高君宇，女孩叫石评梅，一个是民国时期投身革命的新青年，一个是誉满京城的女作家。

故事的结局，很虐。正如高君宇曾向石评梅表白的那样："我将唯有两途，爱与死耳。"

年仅29岁的高君宇，为革命负了身体的伤，为爱情负了心底的伤，两者的叠加更让他雪上加霜，终是躺在病床，在所有人的讶异中，再也没有醒过来……

直到此时，石评梅才痛彻心扉，撕心裂肺地忏悔："从前太认真人生的错误，你那时温情如水，为什么不能温暖我心如铁。"

他离世后，她始终郁郁寡欢，写下了《墓畔哀歌》《梦回寂寂残灯后》《缄情寄向黄泉》《殉尸》等，把满腔思念寄问墓边。三年后，她心碎泪绝，随他而去。按照她的遗愿，与他合葬陶然亭。

可是，这一世，他们终是这样错过了。

如果不是她这么固执和拧巴，他们或者有机会白头到老的啊。

就算爱情挡不住死亡，他的短暂一生也至少因有她的相惜，可以温暖离场……

读完俩人的故事，心中无比痛惜和压抑。

忽然想起《大话西游》里的一个场景，曾离我们仅一步之遥的人，一旦错过，之后哪怕化身绝世英雄，身披金衣金甲，脚踩七彩祥云，一跃十万八千里，也未必能追得回。

他们的故事或许是一个时代的悲情；但如今在我们的身边，其实也并不罕见。

我想起了一个女同学，大学时交往了一个男朋友，没多久发现了真相：此男同时有五六个她这样的女友，极尽巧语骗到手后，他又开始兴致昂扬地去发展别的女朋友。

女同学从此再和男生接触，都带着怀疑的眼光和不相信的心，她视所有男女间的欲望为罪大恶极，包括原始的、天然的异性相吸，一有男人向她示好并进一步靠近，她便很容易捕捉到其中的欲望成分，将其充分放大：“看吧，男人都是满脑子的精虫。”“男人就没一个好东西。”

不仅女生如此。我还有一个男性朋友，算是一个家庭条件还不错的富二代。中学时富爸爸和他妈妈离婚，娶了没比他大多少的小后妈。家里的女主人变了，爸爸又常常不在家。他说：“我好像成了家里的第三者。”

父母的婚变，让他心里给所有的女人也定了性：女人就是图钱来的，越是美丽、青春的女人，背后仿佛都藏着一种不怀好意。这些年，他交往过很多女朋友，但每每女友提出想去西餐厅、逛商场、追求点小浪漫时，他便用自己的思维去评判：“果不其然，她是冲着我的钱来的。”

在她或他的心里，都早早给爱情定了性：爱情都是骗人的、男人都是王八蛋、欲望都是色情的、女人都是势利眼、再也不会相信爱情……以致于后来无论遇到了谁，他们都会自动给对方套上标签。

一个心里不相信爱情的人，一般也不会真诚地对待爱情。他们对爱情并不珍惜也不做长久打算，在一点小是小非面前，进一步加深了自己的判断；若是对方准备离开，他们也不会阻拦，而是更坚定证明了自己的判断。久而久之，骗人的、色情的、伤害的，成了他们爱情婚姻里的常态。

不仅爱情如此，生活亦是。

2016 年 6 月，《南都日报》的实习生姑娘被强奸案闹得沸沸扬扬。

但比案件本身更值得关注的是，在这场强奸案中本来的弱势群体——受害者，却忽然变成了人们怀疑的对象和指责的矛头：“坏人都是惯出来的，谁叫你软弱”“男女之间关系复杂，说不定谁勾引谁”“这女的是脑残吗？要么就是利益不均下所策划的一场诱奸”……

强奸犯并没有受到多大谴责，而实习生姑娘那儿却成了言论重灾区。

人们的怀疑如毒瘤一般，中伤着实习生，其实也正在自己的身上蔓延。

作家王朔在他的书《知道分子》出版背后，曾有过这样一段内心剖析，大意是说：“不知从什么时候开始，我们对社会上一切的事情，非要往最下三烂的地方想才安心——仿佛只有这样，才能证明当初自己所有的预想都正确，才能为这个世界中‘功利、黑暗、不平衡’的一切，找到合理解释；才能为自己总是遭冷遇、不成功、生活在底层找到合理开脱，从而也更加证明了自己机智过人，总有一颗洞悉世事的眼。”

可是，这种对社会刻意的怀疑和揣测，也会让自己对生活和他人充满敌意，从而让自己陷入更大的人性扭曲里。

一个心里不相信生活美好的人，一般也不会拥有生活里的美好。因为他们一般都不会真诚地对待生活，只会让生活中的痛苦毫无忌惮地在自己身上蔓延，慢慢侵蚀掉那颗原本的真心，吞噬掉原本属于自己的美好。

多疑和不相信，伤害的从来都不只是别人，最终还是自己。

相信美好、向着阳光走的人，依旧在这个世界上沐浴着美好；而不相信美好的人，依旧在自己的意识形态里颠倒黑白，错乱而生。

［胡蝶 vs 阮玲玉］

一个人的气场里，隐藏着她的未来密码

气场是从身上传递出来，并能与外界进行交换的能量场。它能通过作用到你身边的人、事、物，形成一种反作用力，从而对你的未来发生影响。

阮玲玉与胡蝶，同被称为是民国时期的两大电影女王。然而，两人最后的命运却大不相同。

胡蝶在经历了与前夫长达一年的官司纠葛、背负了红颜祸国等误会骂名，还能优雅转身，平静地活到 81 岁。

而阮玲玉，却只在与两个男人的蜚短流长和即将对簿公堂之前，就吞药自尽，早早结束了自己正值巅峰的艺术生命。

有人说：是阮玲玉太惜名了，她始终没过自己心里的这一关，把面子看作是特别重要的事情。

可阮玲玉为什么过不了自己心里这一关？

或者，她的悲剧因素，早在眉眼间就埋下了伏笔。

阮玲玉在戏里戏外，但凡别人一看到她，最典型和过目不忘的，就是她身上的悲剧特质。

她第一次来明星公司“海选”试镜时，导演卜万苍压低声音激动地说：“你们注意她的眼光，有一种深邃的忧伤与迷茫，她脸上那种天生的悲剧气质一下子打动了我。”——由此，阮玲玉从“佣人家的女儿”，传奇般地登上了艺术殿堂。

茶叶大亨唐季珊在苦苦追求她时说：“阮小姐的眼睛里其实只有一种表情，那就是忧郁，即或是笑的时候，眼睛眯成月牙儿的时候，以及看上去很甜蜜的那一刻，忧伤还是能从眼睛中泄出来，那么美丽感人的忧伤。”——由此，以为是逃离火坑、遇见真爱的阮玲玉，却是掉进了一场三人撕扯的感情灾难。

另一位新生代导演蔡楚生回忆第一次见她的样子：“那么哀怨凄婉，看得我心在颤振。”——他把她奉若女神，执意让她来主演那部走向死亡的《新女性》，他给了她最后一线爱的生机，却又生生掐断了这光明。也许，正是因为她一颦一笑间充满那抹撇不掉的忧郁，所有为她量身打造的剧本也多是悲剧情怀，从《挂名夫妻》《桃花泣血》《野草闲花》到《神女》等等，她都在饰演那个明明努力抗争、拼命改变困境，却没有退路又不见活路、陷入苦难循环的悲情女一号。

拍完《恋爱与义务》，她曾阴郁地说：“两个相爱的人，先后摆脱了无爱的婚姻，挣脱了封建枷锁，但那又怎么样呢？不过是从不幸走向新的不幸。”

她演过太多的死亡，也看过太多的悲伤。她在戏里深深体验着一种绝望的爱，不断走向死亡的爱……当现实的困顿压得她喘不过气来，她下意识地走向那条曾演绎过无数次的路。

她说：“我剧里的人物一个个都死去了，这场人生的戏也该谢幕了。”

而胡蝶则不同。胡蝶的外形神态和举手投足，给人传递出来的印象是开朗纯真、温柔敦厚、端庄沉稳、高贵大方。

和她有着密切合作的剧作家张恨水曾评价：“为人落落大方，一洗女儿之态，性格深沉、激情爽利。如与红楼人物相比拟，则十之五六若宝钗、十之二三若袭人、十之一二若晴雯。”

正因为此，当时明星公司虽然发现了“璞玉”一般并且正在展露芳华的阮玲玉，但似乎又并不真正看重她。在他们心里，天一公司的当家花旦胡蝶，才是上上乘之选。

按照高晓松的解读，明星公司有点像今天的华谊兄弟，属于老牌民营电影公司，根正苗红，所以所拍影片也大多是大气沉稳、内涵深厚、励志向上的正剧长片。这样的角儿，小女儿之态的阮玲玉恐难驾驭（后来也证明，主打文艺 STYLE 的联华影业，才真正成就了她），但对传统大气、开朗热情的胡蝶，却是再适合不过。

终于签下胡蝶的明星公司，不遗余力地打造她。戏里戏外，她优雅大方、时髦婀娜和玲珑周全的特质，不断被导演和团队捕捉、呈现、特写和放大。由此，胡蝶的演绎登峰造极，性情也更加爽朗练达。

胡蝶还有一个不可不提的艺术成就，就是她在电影中的角色跨度都很大。从卖糖果的小姑娘到风尘女子、慈母教师、劳动妇女、优渥少妇、反串男角都能从容驾驭，还常常在同一部剧中一人分饰两角。

正因为此，她需要在不同的角色里品味着人生各态，理解着周遭的小事情，体谅着身边的不得已。

她说：“我对人生的领悟，都是从电影中来的。”

也正因为此，她也看得更通透，深谙人生不过是一次次的承转起合，所谓成熟、圆满，只是懂得在风浪来临之时低头，懂得与苦难握手言和。

她说：“苦戏总会演完，到时总会苦尽甘来。”

晚年的胡蝶，总算熬过了苦难，获得了更明亮的世界。81 岁那年，她在温哥华平静仙逝，走时，留下一句“胡蝶飞走了”，留给世上一个永远温情的谢幕。

阮玲玉与胡蝶，气场与命运间的微妙关系，绝非个案。

前阵子，一个闺蜜问我，为什么她进公司三年了，所有工作都力求做到扎实、稳妥，常常一个人加班也毫无怨言，领导对她评价似乎也不错。

本以为这回进了新同事，她可以从最基础的岗位上调了，没想到，领导却继续安排她从事原工作，而安排新来的同事做另一部分“看上去难度更大、更具挑战”的工作。

朋友那天非常低沉，我向她仔细问了些情况，然后豁然懂了，向她解释道：“别怪你的领导，如果我是你领导，大概也会这样安排。”

她大惑，问：“为什么？”

我说：“你平时就给人一种踏实稳定、认真仔细的印象，而这几年的工作也证明了这一判断。这些基础工作交给你干，你梳理得井井有条，领导也很放心。

“而你的这位新同事，给人的感觉比较有灵气、说话比较快、思维也活跃，但又似乎有点毛躁，常常不够细心稳妥。

“作为你的领导，他在做部门全盘工作的统筹和考量时，虽然也会考虑感情分、经验值、忠诚度这些，但最重要的是要让合适的人做合适的事，让每个人物尽其才，才能发挥一个团队的综合效力。所以，也不奇怪会是这样的安排。”

一个人的气场里，隐藏着未来密码。

你传递出什么样的“讯号”，就会有什么样的工作、什么样的情绪、什么样的未来，回传给你。你甚至会因此而“遇见”一种生活、一种家庭、一种爱人。

按照马太效应的解释，但凡你缺的，就越难以得到；但凡你有的，就偏偏还要施加更多。

所以，你本身是什么气场，这些都会在你身上形成反复和叠加。

那么，如果知道了这些，有没有可能改变呢？

答案是当然有。

我喜欢的胡适先生有句名言："要怎么收获，先那么栽。"

你想要什么样的工作、什么样的伴侣、什么样的未来，至少，应先注意培养这方面的特质，传递给别人一个可接收的讯号：你有这方面的潜能、有这方面的底气，你可以和这样的爱人（工作）更合拍，你们的交相呼应可以让未来变得更美好。

所以，从今天起，就请微笑、自信、大方地去面对每一个人；也请认真、宽容、富创造性地去面对每一件事；更请用心、用爱、用努力，去开启你想要达到的每一个可能。

[张学良、于凤至、赵绮霞]

爱情需要浪漫的出场式，也需要质朴的两颗心

以前我笃信，好女人无论嫁给谁都幸福。可是，于凤至的个人打分那么高，可她为什么得不到幸福？想来想去，或许与她的出场方式有关。

1. 再优秀的主角，也需要爱的出场式

前几天再读张学良与于凤至、赵绮霞三人的爱情虐恋，依旧感慨万千、唏嘘不已，尤为故事里的于凤至，各种揪心、惋惜与不值。

于凤至真是各方面都很好。论出身，她是大家闺秀；论长相，爱新觉罗·溥杰见了她都曾惊叹“容貌如雨后清荷”；论治家，据传“整个帅府后院多少女人，独独她得到上上下下的敬重”；论性格，绝对的善良贤淑、隐忍大度。再者，她还是张作霖亲选的得意儿媳，不仅是恩人之女，更是天生富贵命。“凤命虎子”，仿佛天造地设。

可是张学良偏偏不爱她。他爱的，是那个舞场里偶然邂逅的赵绮霞。她在热情奔放的舞场里，宛如一朵娇羞待放的玫瑰；在平淡似水的生活里，又如一只活泼伶俐的小鸟。她那么特别又恰到好处，所以即便当时的“花心大少”张学良，也对她一见钟情并认了真，由此爱了她一生。

有人说，于凤至与赵绮霞，不过是张学良心里的白玫瑰与红玫瑰，后出现的那一个，越是若即若离的那一个，越是在爱里占尽优势。

但也不全然。在张学良后来被囚禁的五十年岁月里，陪伴在侧的，只有赵绮霞一人。彼时的于凤至，正远在太平洋对岸的美国，与乳腺癌做着殊死的搏斗。后来病好了，积蓄也用尽了，为了给张学良赚一份家产，她独闯华尔街，竟也真凭胆识和魄力，将财富越滚越多，甚至震惊了美国。

她这一生，就好像为他而生。为营救他，她拼尽全力；为成全他，她签署了离婚协议。她一生都在等他，却也一生都没等到他。直到死前，她唯一的遗言是“但愿死后与他同眠”。于是，她在美国洛杉矶的墓边，为他留了一座空穴。

后来，恢复自由身的张学良携赵绮霞来美国拜祭，听她生前情意，唯有一句“生平无憾事，唯负此一人”，像是对这段感情定了性。死后，张学良葬在了赵绮霞的墓边。他只能继续负她，留她一个人在墓里独眠……

几十年之后，即便再次看到他们的故事，我依然为于凤至感到各种揪心和不值。在我此前的人生观里，一直坚信“好女人嫁给谁都幸福”，因为女人的幸福指数，是她性格、才华、长相、气质、涵养、修为的综合打分。按说于凤至的打分那么高，可她为什么得不到幸福?

想来想去，或许只与她的出场方式有关。

那个年代里，以同样方式出场的，还有朱安于鲁迅，张幼仪于徐志摩……她们一出场，就被烙上了封建、旧式、传统，甚至落后的标签，新派男人要与旧俗陋习作别，顺便也作别了她们。即便她们内里远非如此，但出场的方式，早已决定了男人的意识。

就算放下偏见，去掉这层标签，放在今时今日，他们的相遇也太过平铺直入、简单粗糙。两个陌生人从掀起盖头，就是直奔主题的柴米油盐，这样的爱情本就没有“走心”，又何谈动心，当然也难收获真心。

再好的主角，也需要一次爱情“出场式”。或许只是在“人海中多看了你一眼”的无意，或许是“如何让我在最美的时候遇见你”的有心遇无心，或许是“众里寻她千百度”的百转千回，但却因此而感受到了内心的悸动，从此有了对彼此心意的暗自揣摩和等待花开的甜蜜守候。他们品尝过爱情中最美的朦胧浪漫和扑朔迷离，由此，也便有了在一起时“金风玉露一相逢，胜却人间无数”的感念与珍重。

没有出场式，敲不开那颗心。如果，给于凤至、赵绮霞和张学良换一次相遇的方式，让于凤至出场于华彩熠熠的聚光灯下，留给他的，唯有巧笑倩兮，巧目盼兮；而把赵绮霞指婚给他……怕是一切又都不同了吧。

2. 所有的心动，终将归于生活的平凡

但再美好的相遇，也只能决定相爱的瞬间，而真正决定相守长度的，不过是平凡生活的相濡以沫。

看上去是爱情大赢家的赵绮霞，在陪伴张学良的漫漫幽禁岁月中，日子过得其实不易。如果说她终是幸福的，那她的幸福只源自于内心的供给。

最早幽禁在台湾，不仅条件简陋且看管甚严，可谓是最艰苦也最难熬的日子，但她却能逐渐适应这种孤寂和束缚，别出心裁地装点起生活。

她自学裁剪衣服布料，即便是穿着蓝衣布鞋，也能穿出骨子里的高雅与美丽；她在院子里养花母鸡，偶然遇上下蛋，她会开心地拿去给少帅做营养品；她开辟空闲地，种上莴笋、青菜，每日拔草、捉虫，清苦的日子也过出一番滋味；他们偶尔也会申请去附近的山上看看风光、拍拍照片，当初二人的浪漫情怀，依稀还在。

俩人在长期的幽禁生活下，最后分别以 88 岁和 101 岁仙逝，自是

达到了一种常人无法企及的生活境界。这种境界，大概就是懂得世间所有的名、利、爱、欲，终将归于生活的平凡；而又有能力在平凡岁月中自得其乐，默然相守、寂静欢喜。

张学良的一生，在感情上何其幸运。陪伴在侧的赵绮霞，正是那种无论遇到何种境遇，都能自己开出花来的女人，不仅明媚了自己，也照耀了别人。

张学良与赵绮霞之间，有着如梦似幻的相遇，又有着如影随形的相守——这世间最好的爱情，或者也不过如此。

而同样追求浪漫爱情的大诗人徐志摩，就没有这么幸运了。他与陆小曼，也有令人魂牵梦绕的诗意开始，却没能带着这份诗意与浪漫，走入平凡生活、淡看云卷云舒。

同样的还有郁达夫，他追求杭州美人王映霞时也曾轰轰烈烈，俩人也曾是富春江上羡煞旁人的神仙眷侣，但脱去了爱情的华服，却难以回归生活本真。纵是再美妙的开始，也敌不过平凡生活里的琐碎与尘埃。

很多人也是历经千帆才明白，再富贵的生活和再浪漫的心性，一样会遇上角落里的穷酸和灰暗。谁的生活都是风起云涌伴着惊涛骇浪，最后又都归于平凡。

但光有看空一切的平常心，似乎总还少点味道。最大的本事是保留着内心的浪漫，而将之转变成漫长岁月里质朴的真性情和寂静的小欢喜。

世间最好的爱情，不过是一场浪漫相遇和一生平凡相守。而真正拥有这种幸福的女人，需要小情态，也需要大情怀。

梦想篇

美丽是永不放弃的向上力

从今天起，请叫我斜杠女中年

选择更适合你自己也更新锐的生活方式，去做生活的主人，
而不是生活的奴隶。

关于全职妈妈这个名词，似乎本身就是一个颇有争议的话题。

有人艳羡，有人奚落，有人对她们肃然起敬，有人觉得其实比上班更苦逼。

然而，这个时代有一种全职妈妈，她们的舞台虽不在职场，目光却也不仅局限于家庭；她们的视野，从来就是整个世界。

或者，你也可以叫她们——斜杠女中年。

她们究竟是怎样的一群人？

首先，妈妈们都是学习型理财师，不管家中有多少钱，财总是要理的。

小到每天是买萝卜还是买白菜，大到近期是投股票还是投基金，为了家庭生活的更美好，妈妈们不仅熟知各项家用在街边市场、大型卖场、跨境商场等不同渠道所购买的最高性价比，也深谙等量资金在商业银行、保险公司、证券公司等通过购买不同产品所产生的不同收益率。

妈妈们理的是财，学习的却是心理学、世界观、人性与自我博弈。

妈妈们的目标是家庭资产的配置与增值，打开的却是个人眼界与格局。

正因为妈妈们都是家庭理财师，根据她们所购买的产品的不同，她们又可能是：

股东——不管是只买入了一点小股票，还是切切实实投资了大股权；

投资人——不管是玩票式的众筹型投资，还是专业级的参与型投资；

房产主——不管是投资一套小房产，还是大宗职业炒房团。

重要的是，它们都有可能为妈妈们增加一个家庭资产项，并通过一个投资窗口，链接到一个更广阔的世界。

此外，每一个乐于经营家庭和装点生活的妈妈，她们还有可能是：

花艺师——喜欢通过各种干花、鲜花、盆栽、绿植，妆点出家中的艺术美学；

烘焙师——喜欢系上围裙、戴上手套，享受各种花式小点出炉和孩子们尖叫的那一刻；

茶艺师——喜欢在抚杯弄茶和余香袅袅间，会三五好友或捧一本好书。

……

当然，你也可以统称她们为“生活家”，她们总有本事把日子过成诗。

妈妈们的主业是家庭，重心是孩子，因此，每一个努力更称职的妈妈，她们必须首先是：

营养师——从泡奶多少度、辅食怎么搭，到从孩子的身体状况判断他是脾虚还是胃火旺，妈妈的食谱决定着孩子们的健康；

心理师——想让孩子心理上也阳光健康，得懂点心理学和教育学。

陪伴孩子的过程，也是父母解码生命和再成长的过程；

外交官——嫁给一个人，同时也是嫁给一个家庭。需要上孝公婆、中和妯娌、下教子女；还要助夫成德，和先生的朋友圈及太太团保持适当交际。即便不要求事事都圆润周到，但不懂点外交技巧怎么行。

主业之外，妈妈们还有可能把爱好发展为小副业，根据个人爱好的不同，她们又有可能是：

瑜伽教练——每周固定在瑜伽房，带着一群共同热爱瑜伽的姑娘度过一小时禅境时光；

（除了瑜伽，身边的妈妈还有钢琴教练、美术教练等等。）

网店老板——用兴趣经营起一家活色生香的小店；

写作者——用笔倾诉感情和分享观念；

手作人——用一双手雕琢出独属于这个时光的独一无二的记忆。

所以，综合上述，称她们为全职妈妈，不过是窥斑见豹，正确的称呼或者应该为 ×× 股东 / ×× 投资人 / ×× 师 / ×× 家 / ×× 爱好者。

前段日子我和朋友聊天，曾和朋友做过推测和判断：未来五到十年，中国自由职业者（斜杠人群）的比例将会大幅攀升。

理由有三：

1. 时代发展的选择。新创业时代，将会涌现出越来越多的新企业和新产品，整体迭代性也会越来越强。为了更好地控制成本、提高效率、打开市场，自由化的工作行为和网络化的管理方式将会成为更多中小企业逐步由区域走向全国市场的必要选择。

2. 科技发展的支持。社会化、信息化和互联网化的程度，为人们从事自由职业，提供了更多方便和可能。

3. 人们对自由的不懈努力和始终向往。虽然不是所有人都认可和向往自由的工作方式，比如有些人从心底里更认可稳定，有些人不喜欢把时间分割的七零八碎，她们更喜欢集中精力做好一件事情。生活观的不同，造就了人们选择的不同，但不可否认，渴望精神自由、财务自由、工作自由的人，依然不是少数。

记得《富爸爸穷爸爸》里曾讲过一个“老鼠赛跑”的游戏与陷阱。大部分人终其一生，不过是在为更大的房子、车子，更多的账单、贷款等，不得不陷入越来越焦灼、忙碌、疲于奔命式的工作，有如一只永远按照跑道奔跑，越跑越快却永远也跑不出陷阱的老鼠。

书里极尽笔墨向人们倡导：让钱能够成为我们的工具，为我们工作；而不是我们在为钱，而盲目地工作。

生活也是一样。

选择更适合你自己的、更新锐的生活方式，去做生活的主人，而不是生活的奴隶。

跳出舒适区，才能避开中年危机

舒适是把双刃剑，聪明的女人懂得将舒适生活转化成一种资本，从而追求更高层次、更美好宽阔的天地；而另一种女人则为自己划定了一个舒适区，严防死守着这样一种状态。

“30+”的我们，越来越多地在朋友圈和姐妹淘里，触及中年危机的话题。

有意思的是，对这个话题敏感的，往往是过得还不错的女性。

她们有车有房有存款，有看上去体面的工作，有事业处于上升期的老公，还有可以帮忙照顾家庭的父母或公婆；她们每年至少安排一次海外家庭游，而周末则去咖啡馆、音乐厅、话剧院；她们把自己收拾得美丽优雅，生活也经营得饶有滋味。

生活过得如此优越美好，还在担心中年危机？

其实也不难理解。

越是一路走来快人一步、美满幸福，且这种幸福建立在工作轻松、夫君靠谱、娘家的殷护之上，自己不需要花太大力气之时，越是格外害怕失去。

因为早已忘了也不愿再触及，该如何去奋斗、去吃苦、去面对人生的惨烈低谷。

1. 人生的雷区，往往都藏在舒适里

如果要深究“30+”的女性们最害怕什么，大概可以得到如下选项：

（1）害怕至亲罹患重病甚至忽然死亡；

（2）害怕意外发生乃至倾家荡产；

（3）害怕婚姻失败或爱人离开；

（4）害怕社会地位和生活档次的下降；

（5）害怕自己变老、变丑、变多病；

（6）害怕儿女不争气、不成材；

……

可是，担心就不会发生吗？

从人生的大曲线上看，我们赤条条来，又赤条条走，总会有那么一个巅峰（通常是中年），接近个人容颜、健康、状态、财富等方面的相对峰值。我们享受过一次次“从无到有”的喜悦，却又不可避免地一次次失去，所以中年总是一个危机高发期。

从人生的阶段性曲线看，谁的人生都在不断遭遇低谷。而活得更独立、坚强和警醒的人，自然更容易扛过岁月的难关，去迎接命运的翻盘；活得更安逸、舒适和懈怠的人，更容易被一个大浪打倒，而引发一连串的灾难。

事实上，处于舒适区里的人，的确是更加高危的一群人。

正是因为当下生活在一块“舒服、放松、稳定、能够掌控、有安全感”的相对区域里，每每一尝试走出，就特别容易感到别扭、不舒服或不习惯。

比如，想在工作上再拼一把，又觉太累，还容易造成家庭、身体得不偿失；想扩大资产、试水金融，似乎投资界处处都是坑，动辄赔了本金丢了利；想自己创业，又担心没有资源、没有人脉，厌倦外面套路的世界……

很奇怪，当人处于一种舒适区里，大脑便很容易找到一堆貌似可信的理由来麻痹你的选择，让你深信那条路还不如不走。

结果就是，舒适区越过越窄，生活越过越狭隘。这样的舒坦之中，其实处处埋了雷。

2. 永远别丧失谋生与谋爱的能力

想说一个最近刚读到的故事。

主人公是20世纪50年代人人艳羡的“嫁得特好”的一个女子。

这位小乡村里如花似玉的姑娘，长大后嫁了一个年轻有为的军官。

她的一天是这样的：住在守卫森严、开阔幽静的部队大院里，每天穿着裁剪合体的旗袍，领着漂亮的儿女款款地散步。家中有保姆做饭，大女儿被送到部队幼儿园，生活宁谧又安详。

可是没过多久，“反右”开始了。这位太太的名字和很多官太太的名字一起，被列入了一个长长的名单里，缘由是“每天躲在城里吃闲饭”。大字报是一个哗众取宠之人所写，别人大都置若罔闻。只有那位要强的军官，立刻让夫人带着孩子返乡。

生活一下跌入谷底，从舒适优越到不知如何维持生计，也就是一瞬间的事。

好在这样的生活并没有持续很久。军官独自遣返家属的事被领导知道后，他的家属立刻又被接了回来。

随即他们搬了新家，生活比原来还要好，但这位太太却不肯如原来那样养尊处优。她进了一家工厂，从学徒做起，每天上班、参加政治学习，回家后再忙些家务。她的工资远不够支付家里雇着的两个保姆的开销，但她坚持。

她说，那次大字报的事件让她明白：若是没有自己的能力，说不定什么时候，就会有人来操纵你的命运。

今天的女性，更有学识、更有见地，她们或者再不必如那位太太一般活在“拧巴”的艰辛里，才能求一份安心。

她们更有机会，可以把舒适生活转化为一种资本，去追求更高层次、更接近真我、更美好而宽阔的天地。

但不管怎样，请永远别失去生活的底气：一份谋生与谋爱的能力。

谋生，是无论生活到何种境地，依然有绝处逢生、白手起家、不念过去、不惧将来的气魄和能力；

谋爱，是无论人生到何种境遇，依然生有可恋，依然可以通过爱一个人（事／物）来摘掉生活里的苦、品味生活里的甜，继续充满希望、好好生活。

毕竟，看似波澜不惊的舒适背后，往往早已暗流涌动。

3. 你所看重的物质，其实没那么重要

事实上，只要真正拥有谋生的能力，“千金散尽还复来”根本就不是传说中的事。

老头山德士在66岁时失去了所有产业，仅靠社会保险艰难为生，他走遍全国去推荐他的炸鸡秘方，于是成了肯德基的创始人，在大部分人都退休的年龄成了千万富翁；还有30岁离婚的董竹君一个人带着老人孩子在上海滩创业，历经了引资被骗、纱厂被烧、一无所有，但不久后又筹措资金，创办锦江小餐，后发展为锦江川菜馆，再后来便是赫赫有名的上海锦江饭店。

所以，你今天所看重的那些好不容易积攒的财富、地位和相对优越的物质生活，根本就不值得去持有得战战兢兢、患得患失——只要你以舒适为一种基础，不断地夯实谋生的能力。

相反，我倒是不希望，我们为了生活再次去学习谋爱的能力。

就是最近几个月，我的身边已连续发生了多起“四口之家，先生霍

然离去”的惨剧。

都是家有二宝，都是生命仅三十几岁，都是起于心梗，都是走得太突然，都是优越美好的中产之家忽然面临轰然倒塌……

此刻，对生者说：你要学会坚强，你要再去爱一个人，爱一些事儿，让你和孩子好起来——这已是迫不得已，是我们在生活的痛击下，所必要保有的坚强还击。

但我多么希望，我们根本不必有这一天。

所有的心梗都源于此前无数个不良生活方式的积累，也在生命的最后 48 小时里，一度发出过求救的信号。

可是我们居然漠视了它。我们太相信自己的身体了，以致于相比身体发出的危险预警，我们居然更紧张工作里发出的预警，财富数字里发出的预警……

所以，与其关心是不是能继续优越和舒适地生活，不如多去关心一下自己和家人的健康。

别为了追赶所谓的“舒适”，而走向万丈深渊。

新煮夫时代：在蛰伏的岁月里，发现生活的拐角

生活总是充满有趣的拐角。只是，在那个或长或短的蛰伏期里，要找到情绪的出口，学会自娱自乐，开心地活。然后知道你为什么而活，就不会辜负这段折起羽翼的生活。

看《琅琊榜》时，对其中一个人物印象深刻。

此人戏份不多，一直是个挂着虚职、不问世事、过着神仙日子的富贵闲人。可就在太子幽禁、誉王得势、靖王陷入僵局之时，梅长苏某日登门叩问："侯爷可愿意出手相帮。"此时才知，他也曾风云烈烈、叱咤天下。

果然，不负所托。他和夏江共同演绎的那场生死茶会，真是谋中谋、计中计，表面波澜不惊，内里暗流汹涌。言侯的气魄、胆识，尤胜当年。

当时我心想，言侯或者有点诸葛亮的风范，都是避世归隐多年，被人三顾茅庐地请出时，依然可以宝刀未老地扭转乾坤、妙解危局。

可是不免也心生疑窦，所谓兵无常势、水无常形，一个人阔别了时局舞台这么久，面对叵测世事，如何还能用若干年前的本领（或许忘得差不多了），在当下运筹帷幄、力挽狂澜？

那时倒也还好。倘若换在今天，互联网的世界瞬息万变，处处都在

高调叫嚣着打劫、颠覆、跨界，我们身在其中都觉得稍有不慎就被 PK 出局，一个人若是隐退几年想再华丽出山，怕是更难吧。

到底，蛰伏后的人生，还有没有可能再绚丽登场？

我想起了李安。

这位世界电影史上迄今唯一的华裔奥斯卡导演，曾在学生时代就因《分界线》而声名鹊起，却也在毕业之后，有过长达 6 年的蛰伏时光。

那段日子里，李导演没有戏拍、没有钱赚，只能在家洗衣、做饭、带孩子……连丈母娘都看不下去，委婉地提议："你做饭这么好吃，要不我们给你在美国投资开家中餐馆吧？"

李安谢绝了。后来有一次，他的朋友冯光远带来一个消息，说台湾正面向世界征选优秀电影剧本，"一等奖的奖金高达 15000 美元"。李安正捉襟见肘，就抱着获奖的目的参赛了。

没想到真评上了，并且还独自捧获两个奖项！他的《推手》和《喜宴》分获一二等奖，正如人生的分界线一般，他的艺术人生也由此如开了外挂。

可到底是什么，让他们能说回归就回归？并且更具匠心、更具火候，仿佛从来就没有离开过一样。

再反观李安的六年。

因为赋闲在家，所以主动承担家务。他照顾孩子、打扫房间、做饭烧菜，把家中打理得井井有条，而脑子里想的却是他自己的故事，反复推敲着一些新的情节。据说有次在厨房里做面食，忽然来了灵感，他就跑到书房，用粘着面粉的手记下那个灵感，然后带着满足的笑容回到厨房里继续忙碌。

正是因为他对市井人生的仔细观察和反复打磨，他后来的一些剧中，都可见他对阴暗角落的深刻描摹和对彷徨内心的淋漓展现。他将真实的细节刻画到细致入微，电影也由此而更有了张力和穿透力。

或者，人生就是一场修行，无论在何处、在何时，无论隐忍时、得意时，无论翱翔天空或屈于一角，不过是换一种形式的修行，是为让内心更加通透圆满。

而所谓隐忍、蛰伏，之所以能在时过境迁后被人看作是一件美好的事情，多半是因为此人有着非常清晰的未来版图，知道这一段路走过之后，会有什么样的明天在等他。为此，他甘愿暂且收起自己的羽毛。

正如尼采所说："一个人知道自己为什么而活，就可以忍受任何一种生活。"

演艺圈里，还有一个蛰伏了几年，甘当"煮夫"的人物，就是黄磊（我的另一位超级偶像）。

黄磊30岁的时候，凭借一部自编、自导、自演的《似水年华》，将事业推上了一个高点，之后，他又接连出产了两部同款文艺电视剧。可是，写得不好也演得不好。"感觉像是卡住了，"他说，"我自己也挺失落的，就不想拍了，觉得没劲"。

那时正好妻子怀孕，黄磊就停了下来，专心地陪妻、陪产，然后带孩子。

"黄小厨"大概就是从那个时候炼成的。他不仅把孙莉照顾得红润，自己也跟着富态起来，对那个时期的合照，他自己也调侃："看，像不像两个孕妇？"

可是，作为昔日众星捧月的文艺男神，当不断遭遇创作瓶颈、身材发福、名字淡出舞台中心，是一种怎样的挫败与恐慌？

可黄磊也说："正是那一段日子，解救了我的挫败。"

他说："我这辈子做了太多的事，我要是清理内存的能力不强的话，我早就挂了。我丢弃的速度很快，我没什么负担，而且我减压方式好。"

他的减压方式是吃，所谓一吃解千愁；他的解决之道是"转身，回到家庭里，回到生活里"。

转身之后，在生活中沉淀下来的黄磊，开始写书、排话剧。接着，他以中年男人的形象再次回归银屏。

现在看来，正是由于那段当煮夫和当奶爸的经历，人们赞他在《爸爸去哪儿》里的自然流露；赞他在《婚姻保卫战》《小别离》等剧中对小男人的惟妙演绎；赞他在乱哄哄的娱乐圈里，爱妻爱女，温柔多金如一股清流。甚至，人们轻易地就接受了他腆着肚子的中年形象。

由此，他也完成了两个阶段的转型，诚如他所说："我的前半生靠颜值，后半生靠脑子。"

可见，生活总是充满有趣的拐角。

只是在那个或长或短的蛰伏期里，要找到情绪的出口，学会自娱自乐，开心地活。然后，知道你为什么而活，就不会辜负这段折起羽翼的生活。

后主妇时代：你喜欢的那个自己，一直都在等你

那种发自内心的建设性驱动，那种与生俱来对美好的渴望，
会赋予你一种强大的能量，让你变得更平和，却也更坚韧。

作为全职妈妈，怎么样一边兼顾家庭，一边找到自己？

这篇想要分享的，是来自于我身边朋友的真实故事。

毕业十余年，她们不上班的日子要比上班的多许多，因为结婚、生子、照顾孩子等某些女性角色的付出，她们索性逃出了朝九晚五的框架，之后，便再也不愿意回去。

本以为她们会一直就这样闲适喜乐、安于小家，没想到，孩子逐渐长大后，她们却在大段的空白中，越发接近那个内心真正的自我。

或许，总有一种想要更接近美好、源自内心的建设性力量，在冥冥之中，指引和驱动着我们。

但愿后主妇时代，你也能找到那个美好的自己。

辞职是个艰难的决定吗？

对于我的女友杉来说，真是一点都不。

结婚前，她就轻松挥别了一份出版社编辑和一个银行正式编的工

作，在普通人那儿踮起脚尖才能够着的工作，在她这儿丢弃和获取都一样毫无压力。

“虽然稳定，但没钱啊。”

“虽然有钱，但无趣啊。”

这便是她分别离开的理由。结婚后，她随先生去了另外一座城市，连续几年安家、生娃、带孩子，更让她理直气壮地坐镇家中。

女人活得这般潇洒，大多赖于身旁有一个还不错的男人。杉正如此。

杉的先生，属于典型的工作稳定、前景可期、爱家爱妻的男人。有了儿子后，他则把杉当成家中的大女儿去疼爱。他负责赚钱养家、陪儿子玩、教育孩子。而她呢？负责和孩子闹，负责把自己经营好，负责家中的享乐和欢笑。

每当我们加班累成狗，还要陪熊孩子的时候，往往会羡慕杉，日子过得跟神仙似的。

但这时，杉也会羡慕我们。她说：“真嫉妒你们把每一天都活得积极充沛的样子。”

在蜜罐里泡久了，再甜的日子也会麻木，甚至被蚀出了一个空洞，里面装着讳莫如深的焦虑、惶恐与不安。这大概就是杉那时的感觉。

尤其是孩子上了幼儿园后，大段的空白时间，让这种荒芜感更加强烈。即便岁月安好，却也总像有什么东西在胸中灼烧。

某日走上街头，杉逛进了一家瑜伽馆。起初的原因，大概是一个小女子对抗随着岁月见长的肥肉与皱纹。但渐渐地，她竟痴迷其中，爱上了肢体的极致舒展与内心的高度聚焦……那真是一种美妙的平衡与对抗。

仿佛着了魔似的，她在网上查阅各种瑜伽资料，结交一些瑜伽友人，每天风雨无阻地唱颂打坐。身旁有人看她难得对一件事情如此热忱，便建议她：“既然要玩，不如更高级些。去系统地学一学，一来修身养性，二来技不压身。”

一语戳中内心。一番调研之后，她直接报了那个业内闻名遐迩的教练培训班——据说是许多资深瑜伽者心中的圣地。

之后她每天的状态，变成了 5 点起床出门，每天在学院进行 9 个小时不间断体式训练，再上 2 小时的文化课，回来还要完成 2–3 小时的作业。

作为发小，我们真的很难想象：那个曾经嗜睡如命的她，居然每天准时在瑜伽垫上去迎接清晨的第一缕微光；那个曾经无肉不欢的她，居然顿顿吃素食，并称之为“悦性食物”；那个曾经连钱都懒得赚的她，居然如打了鸡血似的热情澎湃，并一次性攻下了“全美瑜伽联盟认证”考试。

或者，也不难理解这样的转变。如她这般率真的人，原来的选择是从心，现在依然如此。

她从来不在乎别人的眼光，而只坚持自己内心的快乐。当体会过人生的姿态万千后，总有一种冥冥的力量，让她更趋向内心所呼唤的美好、耐心与平和。

接下来，她的目标是继续练习，继续深耕，继续挑战更高一级的考试。若有一天时机成熟，她或许会当一枚瑜伽教师，或者开一个小工作室，按照自己内心的反馈，来热忱拥抱这个世界。

与杉的经历相似，榴曾经的状态是每日睡到日上三竿，遥望着先生步步升迁，仔细帮他打理着房子和票子。

榴原本是一名设计师。我们共事后不到一年，她就跟随先生乔迁去了南方的另一座小城。

以榴的设计功底，在另一座城市里想再谋个饭碗，绝不是难事。但她说：“好不容易逃离了朝九晚五，我断然不想再回去了。”再说，在那个小夫妻俩都缺少父母帮衬的异乡，安好家、帮好夫、带好娃，才是人们眼里的正经事。

榴的日子按说不错，但要说美中不足，大概源于她一直以来的“忧心忡忡”和性格使然的不安全感。先生倒没有不靠谱，但她总能找出不靠谱的因素，比如先生那家看上去很稳定的国企，近两年也有了人事动荡的迹象。

“倒不是担心他会失业，而是若我能分担一些，他在面临更大的选择时倒也可以更从容。”她有心找点事做，可常年恋于小家、疏于大家，谋事又谈何容易。

同样的转机也发生在孩子上幼儿园之后。

某天送孩子上学，女儿递给老师的手工作业，得到旁边一个家长的啧啧称赞：“哇！你们这也太别致，太漂亮，太有想象力了！”朋友多年美术功底傍身，和女儿精心完成的作业，自然格外出彩。因此，这位家长提议：“你水平这么高，要不我们合办一家幼儿美术启蒙班吧？”

提议的这位并非只是无心一说，而是自己曾有过几年带学生和搞培训的经历，如今与榴，也是同一单位的全职妈妈。

榴回家反复思考：如果办一家美术班，利用傍晚的时间，那么其余时间依然富足。既不耽误照顾家庭，还能重拾美术兴趣。最重要的是可以通过自己的专业技能，更灵活、开放地兑现个人价值，这不是当初在“朝九晚五”里就梦寐以求的吗？

俩人说干就干，着手买教材、租教室、精心设计着每一次课的教学内容，并很快在共同的单位大院里招收起第一批小学员。

如今，榴的培训班已送走第三批小学员，她的表达由青涩逐渐醇熟，遇事日益老练，整个人也更加容光焕发。

榴说，办这个培训班，她最大的收益是让女儿也投入其中，知道妈妈是老师、爱美术，在无形中给了她更高一级的教育和陪伴。

而在我看来，榴最大的改变是在更充盈的生活里，渐渐抚平着原生的焦虑，从而真正走内心的富足与平和。

我喜欢杉与榴现在的状态。但此时的她们，更像是一种生活方式的开始。若要抵达彼岸，还有更长的路。

作为一枚写作者，我曾特别关注过一位自媒体大咖。与杉和榴的故事相似，这位咖姐曾经也千方百计地逃离了媒体圈和职场人的生活。但也在闲下来后，才发觉没有什么比投入地燃烧自己、激发潜能更快乐了。

同样几经黑暗、困顿、茫然，她才渐渐理清思路、找到方向，回到最擅长的领域，成为一位自媒体人，再蜕变成一位自媒体红人。

如她所说："你若知道我受的苦，绝不会羡慕我光鲜的生活。"

那些你曾经千方百计想要逃离的束缚、躲避的问题，如今在换了一种形式后，却又宿命般地一个个出现在你面前。

诚然，世界如此多元，并不是只有告别朝九晚五，才是唯一通往理想的路。

这是一条向内而生、渴望唤醒自我的路，却也是一条不断突破自我才能拥有更大格局的路。

唯一不同的是，那种发自内心的建设性驱动，那种与生俱来对美好的渴望，会赋予你一种强大的能量，让你变得更平和却也更坚韧。

纠结方向的时候，跟着梦想的指引走

从有梦想到实现梦想，中间或者还隔了一座大山。但内心的真正向往，会帮你接近彼岸。让梦想指导你前行。

几乎每一家企业里，都存在着这么两类人：

一类人总是特别积极、勤奋、努力，他们的人生就像是一部奋斗史，每天的状态有如打了鸡血，连续十几个小时连轴转，两场会议间见缝插针处理 N 个报表。工作中永远是斗志昂扬，做事情总是积极主动，思想和行动都能走在人前，遇到见客户或者赶方案这类事儿，即便要加班甚至错过一次度假，他们的眼里也总像嗅到猎物一样透着兴奋的光彩。

另一类人对工作总是抱着不温不火的态度，交给他们工作，能完成；但如果想质量再好点，得激发；自己分内的工作从不推诿，但其他旁系工作也拒绝沾边。每天一下班，他们准时离开办公桌，就和他们几乎从来不迟到的态度一样。偶然遇到需要加班这类事，不管表情上接受与否，内心总是如临大敌。

而如果要深究这两类人职场表现下的内在驱动，第一类人，大多对名利场有着一种天然的向往。他们的职场目标特别清晰明确——出人头地或功成名就。哪怕此时的职场角色还只是一枚小将，但也丝毫不影响内心跳跃的极大渴望。

而另一类人心里大概始终潜藏着一片桃花源。工作，仅仅被视为生活的一部分，或者是他们保障收入来源的方式，或者是嫁接社会交流的渠道。相比于在电脑前苦苦地做一个方案，真不如在烤箱里烹制一个甜品、在田野里种上一片玫瑰或者在球场上来一场对决痛快。

当然，职场中永远也存在着第三类、第四类人……他们介乎于两类人的中间，但又因人性之复杂、世事之多变，而呈现其独特轨迹，此文中我们先不详表。且单看前两类人，或者很容易得出结论：第一类人在职场中取得的成绩，往往比第二类人更高。尽管第一类人因其努力的程度、平台的契合度、人生的际遇，取得的成绩也各不相同，但从整体上看，相对第二类人，第一类人往往在职场中更加趋向成功。

在管理学中，有句被普遍认可的金科玉律：用人之长，则天下无不用之人；用人之短，天下则无可用之人。这句话其实也可以用于人们对自我的审视上，第二类人之所以相较于第一类人不够成功，或者仅仅只是因为，他们的向往根本就不在职场。

而如果跳出职场范畴，放之世界大舞台，同样可以理解为：每个人都有其独特的天赋和特长，而这些又往往与你的兴趣点有着深度的共鸣，所以，遵循内心的轨迹，做你真正所向往的，做真正能让你激情燃烧的，便可更加趋向成功。

这样的例子其实挺多。有个小男孩从小对裁剪特别感兴趣，可是以他的家庭条件，最多也只能剪剪粗布衣，还得承受着周边人对小男孩“不务正业”投来的异样目光。可是坚持裁剪梦想的小男孩终究把粗布衣剪成了美时装，并做成了国际大品牌。

还有个小男孩，从小成绩就算不上好，挂科、留级，面临被劝退。老师问他：“你以后靠什么养活自己啊。”他说：“稿费啊！”教室里一片哗然，可他后来写出了《三重门》《光荣日》《他的国》等小说，不仅靠梦想养活了自己，还继续追梦，成了赛车手和名导演，人生过得各种精彩。

我采访过的一位女企业家，从小在京城的四合院儿长大，童年时阳光、花草是她心中最美好的向往，工作几年后，她毅然走向远方，将曾经最温暖的记忆跃然纸上，把心中所想变成了一间间花房客栈，绽放在丽江、香格里拉、阆中和苏杭。

我还有一位女性朋友，从小最大的爱好就是“买买买”，不仅华服满柜，连买过的杯子都装出了一面藏品墙，以前只见她喜欢晒各种收获，而现在她已成长为小有名气的时尚买手，微博粉丝过十万，她选东西自有一番心得体验、视角角度和时尚品位，所以她的推荐自有一呼百应的道理。

没有什么爱好不能将之发扬光大，或成为一种梦想去照亮你的整个人生（前提是三观要正），相信那些让你执迷的梦想，往往正是你所拥有的独特擅长。

而比之我们的人生，如果你觉得尚不如梦想中的光芒四射，或许是因为我们还不够坚定梦想。

如果有人问：

我的梦想是开一家咖啡馆，可我的家人都反对怎么办；

或者，我的梦想是当歌手，可我不知从何开启怎么办；

又或者，我的梦想是当一枚职业旅行家，可我最终还是选择了稳定的工作怎么办？

答案或者只有一个：我们对梦想还不够热切地向往。

有时候确实是因为我们拥有太多的选择余地，生活并没有给够充足的压力和动力，以驱动我们以决绝的姿态去坚定地追寻心底的梦想。所以慢慢地，梦想成了心口的一颗朱砂痣，想起来会有些痛，但它永远也只是遥远的梦想。

而真正对梦想的向往，不仅仅是帮你燃起了心底的激情小宇宙，也一定会迫使你竭尽所能地接近梦想。你会寻找每一种可能的方式，会特别关注每一个成功的榜样，会特意储备相关的知识技能。

达成梦想并没有完全绝对的标准方法，因为每个人的每一天都会产生新的情景，遇到新的困难和挑战。而只有真心感兴趣，而且一心一意想要达成目标，才会在这中间不断地去积极探寻、努力领悟，做出正确的判断并找到方法。

从有梦想到实现梦想，中间或者还隔了一座大山。但内心的真正向往，会帮你接近彼岸。让梦想指导你前行。

但愿某一天蓦然回首，现在的一切，都曾是你梦中所想。

梦想难以迈步？大道理可能正在绑架你

拥抱过去，你需要总结；拥抱未来，你需要创新。大道理解决不了的实际问题，依靠自己不断的总结和创新，便可以。

明明知道，有梦的地方即是方向；明明知道，才华藏在梦想里。

可是为什么，还是难以真正迈出践行的脚步？或者，那些从小听到大的美丽大道理，正在悄然绑架着你。

一个朋友前阵子找我聊天，说她现在的这份工作出现了一些问题，想解决也不是没可能，但已远离初心；要熬着也不是不可以，但熬着并不快乐，且发挥不了特长。几番权衡之后，她决定辞掉工作。

跟她聊过之后，发现她已方方面面考虑成熟，我欣然支持她的决定，支持她按照自己的理想去选择和追求。

可是没过两天，朋友又和我发消息，说离职这条路走得并没有想象中轻松。因为她的工作待遇尚不算低且看上去相对稳定，当家中亲友知道此事后，纷纷跳出来劝说。她给我发了一条两天前一位长辈给她发的消息，是两个小故事。

一个故事是说一位船长在台风面前乘风破浪、不畏前行，终于抵御了风浪、脱离了危险；另一个故事是说，一个丢失手机的小伙往自己的手机里发了一条“利诱”短信，从而抓到小偷、找回失物。

两则故事后还附了评论。第一个故事告诉我们：遇到困难不要逃避，迎难而上方为上策；第二个故事告诉我们：连丢了的手机都可以找回来，那么所有的困难和问题，都是有办法克服和解决的。换言之，如果你解决不了眼下的问题，那是你的方法不够多、意志不够坚定，说到底不是工作的问题，而是你自己的能力问题！

女友说，长辈虽然什么也没说，但在她辞职的这个节点发来这样两则故事，必定颇有深意，这是在用另一种方式敲打她，要她坚守岗位，坚持努力不放弃。

我说：“这两个故事其实也挺老套了，你又何必如此介怀。你心里明白，你离职是为了更好地接近梦想，是回到你自己的路上坚持努力不放弃。”

朋友说：“我不害怕离职后可能很长一段时间要面临的困难和孤独，可我却害怕亲戚和家人三缄其口下的眼神质疑；我也不介意和他们深入沟通我的职场困境和职业理想，可我却害怕那些听上去不容辩驳的大道理。”

可按照这个看起来严丝合缝又积极励志的大道理，世上的事情基本都可以做如下理解：

如果你的男人变心了，那你也一定难辞其咎：或者你平时对他的关爱不够；或者你的为妻之道修炼得不够；或者你没强大到让他根本离不开你；或者你太强了，让他过得十分压抑。

如果你被骗了，那当然是因为你自己太相信别人，你的知识体系欠缺，辨别能力也不够，你有同情心却没有戒备心，你想帮助人到头来还需要别人帮助你。

如果你的下属工作始终不在状态，那一定是你作为领导没有充分激发他的热情，没有真正挖掘他的潜力，没有将其安排在合适的岗位上，没有向公司提出更激励人的管理办法和绩效体系。

大道理错了吗？看上去都没错。可感觉上又哪里不对。

我忽然想起胡兰成与张爱玲。一次俩人在雨中散步，张爱玲要求胡兰成在她和小三之间做出取舍。胡兰成沉默了一阵后作答："我做孩子的时候就知道，只有惜忍，没有挑拣。"

这男人真是狡诈老道，他吃透了知书达理的女文青的精神世界。他暗示她要如旧式女子般对男人的多妻多情隐忍大度，她若要闹，反倒是她的无礼，她的问题。

由此看来，梦想和方向若是已然南辕北辙，纵然你使劲解数，费力挣扎，也依然很难达到心中的彼岸。大道理本身并没有错，但如果没有结合场景去真正意会，它可能会成为一道枷锁，束缚了你的前行；也有可能被偷换了概念，让你一时迷惑了双眼，看不清方向。

有一段时间，我特别膜拜两位大神级的人物。一位是邓文迪，一个真正站在名利场顶端的女人。可以从一介草根到与报业大亨有过婚姻；离婚了，依然可以跟英国小鲜肉高富帅交朋友；另一位是高晓松，一个真正站在桃花源深处的男人。最近他只是"炒剩饭"般地写了一句"生活不止眼前的苟且，还有诗和远方的田野"，却不知戳中了多少"活在当下、梦在远方"的你我内心，让无数人吟了又吟、品了又品，即便被人辩驳批判，也挡不住它成为经典。

我仔细去拜读了一些写这二位过往经历的故事，想从他们的成功中寻找一些共同痕迹。可我发现，我们可能永远也成不了邓文迪，一般人很难有她的野心、魄力、钻营和狠劲；我们也很难成为高晓松，拜家庭和成长环境所赐，他似乎天生就自带非凡才华，并且很懂得将才气转化为财气，所以在陶渊明那儿捉襟见肘的桃源生活，在他这儿过得游刃有余。

传奇不可复制，也无须复制。最关键的，是我们必须找到最适合自己的路。邓文迪和高晓松的人生多面，不见得人人都认同，可他们到底过上了自己想要的生活，所以他们可谓是活出了自己的道理的人。

这个世界上有条好玩又经典的定律，叫作“二八定律”，那些被80% 的人所认同的观点和所选择的道路，可能并不能助你成为那金字塔顶的 20% 的人。

如果想成为那 20% 的人，必须得有点另辟蹊径的精神，他们通常都审时度势、运筹帷幄，勇于走出自己的路线，活出自己的道理；你当然也可以成为那 80% 的普通人，可若不想一直被生活牵着鼻子走，也得在人生的几个关键时刻，有点魄力和果敢，有坚持理想、坚定选择的信念和能力。

可遗憾的是，我们身边的大多数，因从小到大身边充满了枷锁，连朝着理想迈出第一步的勇气都没有。

读中学那会儿，曾看到过一个故事，当时就颇为震撼：

一只小猫，本来很可爱。可主人嫌它总是乱挠乱抓、弄乱房间，便为其剪去指甲，拴于桌角。从此小猫倒是安静乖巧了，可它只喜欢蜷着身体、晒着太阳，而不再灵动活泼、淘气乱跑。

失去了灵气的小猫，只能说是一只乖小猫，而不能说是一只好小猫。

被所谓的大道理束缚了双脚的我们，也只能说是一个乖小孩，而不能说是一个好小孩。乖小孩每次心里产生冒险的冲动，都会立刻被心里另一个懂道理的自己给拽了回来。

可还没有尝试，怎么知道就是错?

与其裹步不前、缩手缩脚，或者在那个背离了初心的方向上苦苦挣扎，倒不如斩断绳索，相信判断，坚持做自己。

怎么证明自己的选择和方向没有错?

有句话说得好：拥抱过去，你需要总结；拥抱未来，你需要创新。

大道理解决不了的实际问题，依靠自己不断的总结和创新，便可以。

创新的路上可能会遭遇冷眼和质疑，走常规路的人并不能充分理解你，没关系。最好的方式就是坚持走下去。

失败怕什么，立正向前走

失败固然可怕。但更可怕的是，从此畏惧失败，再也不愿前行。唯有真正走入内心的恐惧，直面我们的贪婪、懦弱及缺陷，才能从失败中汲取营养，让失败化为成功的激励和经验。

在和读者们的交流中，有一类问题似乎可以经常遇见，诸如：遇过感情的渣，上过骗子的当，跌过投资的深坑。

他们说："我们也很想从那段经历里爬出来，选择相信这个美好的世界，可是往事就如锥心之痛，我们太害怕重蹈覆辙了，太害怕再经历一遍那些黑暗的日夜了，所以必须小心翼翼地把自己包裹起来。"

还有的反问我说："难道我就该像阿 Q 一般，当那段经历没发生过，然后傻呵呵地笑对每一个新明天吗？"

这不由让我想起，许多年前看到并一直铭记的一句话：正是人们对待失败的不同，造成了人们生活的差异，决定了有没有可能拥抱成功。不仅是感情，生活中的任何事情都是如此。

想要理解这个观点，首先必须得明确一个事实：在这个世界上，绝对没有任何一本书、一套理论、一套方法、一组案例，能够帮你解决每一个问题，战胜每一个困难，送你到达理想的彼岸。

因为世界每一天都是全新的，每个人、每一天都会遇到前所未有的新情境，产生新挑战和新困难，每个人的境遇都是复杂多变的，没有哪一个苦难是完全相似的。

所以，只有你自己在这中间不断积极探寻、努力领悟，才能做出正确判断并找到方法。

失败的意义或者正在于此。

唯有真正走入内心的恐惧，揭开那一道道血红的伤疤，直面我们的贪婪、懦弱、弱点及缺陷，在那段刻骨铭心的疼痛里反复咀嚼，找出病灶，才能真正从失败中汲取到营养，让失败成为一次成功的激励和经验。

毕竟，再成功的人，也不可能躲过所有的失败。

举几个例子吧。

两周前的聚会上，一个男性朋友说他的创业平台（一款互联网产品）刚获得首笔千万级天使融资。在现场朋友的尖叫、欢呼和赞美里，这位新贵也透露了他的历程：在这轮融资成功之前，他曾有过 59 次的失败。也就是说，他至少约见过 59 位以上的投资人。他把每一次推演和谈话当成一次思想碰撞的机会。哪怕被轻看、被否定，他也一次次重新理解投资人的需求，从他们的谈话中汲取到市场经验，然后反观自己的产品，反复打磨需求和痛点。如此，才有了这一次与伯乐的纵情相拥。

他的产品从 1.0 版本起，在不同程度上更新了 40 多次。在互联网的世界里，没有哪一款产品从刚出生就至善至美，大部分产品都死在了熬不过去的昨天，而剩下来的，都在黑夜与黎明前，经历过重重煎熬、反思与蜕变。

我还有一个朋友，她的服装二店在几个月前惊艳开业。这是一家咖啡馆里的花园小店，我去她那喝咖啡，顺便听了她的故事。三年前她辞职，开了一家童装店。没有任何经验，第一年亏损 20 万。当时他们有个微信群，都是同样开店做生意的一群人。第一年亏损后，转让、关店，坚持不下去的，大有人在。他们或者属于快速止损的人，但却不是能把20万亏损真正变成学费的人。

她在家人和朋友的质疑里，咬牙坚持了下来，并在痛里吸取经验。第二年，她的童装店开始盈利；第三年，她增开了这家别具格调与情怀的轻奢女装店。

谁还没有过几次失败啊，谁没有反复煎熬的日日夜夜啊。

但人们对待失败的不同态度，才真正造成了他们的人生差异。

失败会激励胜利者，也会击垮失败者。

这是胜利者最大的秘密，也是失败者所不知道的秘密。

此刻再说回感情，或许已经轻松和豁达很多。

也举两个例子吧。

张幼仪是中国第一桩西式离婚案的女主角。徐志摩的负心与离世，无疑伤她至深。她曾说："在他一生遇到的女人里，可能只有我最爱他。"

正是因为放不下这份爱与痛，她错过了生命中第一个良人——在柏林那段刚离婚的日子里，给她很多温暖与慰藉的著名教育家罗家伦。

可也正是因为后来她从伤痛里走了出来，才抓住了命运的第二次机会——与她的房客、香港医生苏纪之结为夫妇，在一段平凡又温暖的婚姻里，收获了美满生活的真谛。

也想说说上海第一交际名媛唐瑛。她与宋子文曾有过一段不被命运祝福但又刻骨铭心的初恋，宋子文的不告而别，让她闪电般地嫁给了沪上豪商的儿子李祖发。但这段仓促的结合并未让她收获幸福，两人以性格不合离婚收场。

经历过几度感情被负、世事无常的唐瑛，并没有成为一介怨妇，也没有成为"再也不相信爱情"的半老徐娘，而是在痛苦中领悟：只有适合的彼此，才能一直相伴走下去。于是她嫁了同样性格开朗、喜爱社交的熊七公子，为她一波三折的感情找到幸福的归宿。

这两位女人的晚年都称得上平和幸福，她们都是从失败里爬出来的女人。

失败固然可怕。但更可怕的是，从此因畏惧失败，而再也不愿前行。

唯有自己忍痛揭开那失败的伤疤，直面鲜红的血痕，才有可能真正分清：究竟什么是温暖，什么是温床；什么是美好，什么是陷阱；什么是真挚，什么是伪装；什么是蚌壳里的珠，什么是羊皮下的狼……

但失败的意义也尽在于此。

汲取了养料，就该尽快把垃圾扔掉。

请千万别一直抱着伤痛，请千万别一直站在黑暗里。

唯有真正走入内心的恐惧，直面我们的贪婪、懦弱及缺陷，才能从失败中汲取到营养，让失败化为成功的激励和经验。

不较一时高下，只愿每天进步

总是忍不住去跟别人比较的人，其实往往都陷入了“田忌赛马”的圈套。不过是拿别人的长项，去跟自己的短项比。总是横向去比较的人，既不聪明也不快乐。而聪明的人是，自己始终跟过去的自己比。

还记得2016年高考试卷（全国卷）中那道热议的作文题吗？

一张漫画里，一个孩子拿着98分的试卷，挨了巴掌，因为他上一次考试是100分；另一个孩子拿着60分的试卷，获得亲吻，因为他上一次考试是55分。考卷的要求是据此漫画，自拟主题，任意发挥。

漫画，总能让成人的世界大开脑洞。看到微博话题下网友们的欢乐留言：

网友A：这是在论学霸的外貌特征吗？为什么成绩好的总是头发少！

网友B：你们还不明白吗？考低分的孩子，家里早就打通了名牌大学、事业单位的入口，你若及格就是晴天；高分孩子没背景，只能全靠拼实力。

当然，大部分人在看了这组特意将两个孩子的成绩和所受到的奖惩进行横、纵对比之后，感情的天平自然倾向了高分却挨打的孩子那边，从而引发了各式关于教育观念的大讨论。

然而，为什么非要将两个孩子做横向的比较？如果单从纵向看，自己的今天和昨天比，进步了就欢喜，退步了请警醒。又有什么不对吗？

不仅对于孩子的教育，对自己和对家人的要求，也是同样。

1. 100 分比 60 分，不过是甲的长处比乙的短处

还是回到那幅漫画，从考分和读书说起。

回想我们读书的时候，班上的学霸都有些什么特征？

要么是刻苦努力，别人花 6 分精力在学习上，他花 12 分精力。

要么是天资优渥，承袭了父母的好基因和原生家庭的好环境，他们天生就更擅长跟分子分母、化学元素打交道，这种人懂得借力使力，花 8 分努力却得到了 12 分成绩。

可是，只花 6 分精力在学习上的孩子，却将剩余的精力，有意无意地投向了别处。或者，偷偷地在教室后面翻小说；或者，热衷研究各种小手工或小制作；或者，在操场疯跑促发大脑神经……总之，这些投入在其他方面的小种子，说不定在长大后的某种机缘环境下，就成了参天大树。即便不会都成为韩寒、爱迪生、乔布斯之辈，但这些小特长和小积累，却让他们在如今同质化的竞争中，成为一个具有个性标签或长板优势的人。

家庭的优势和给予也是同样。学者型的家庭自然更容易把高智商、巧方法和广博的知识底蕴传递给孩子；但商人的孩子可能在潜移默化中承袭了父母的投资眼光和果敢勇气；官家的孩子可能从言谈交往中学习了父母圆润周全的为人处世之道；即便是普通人家的孩子，也可能学到了家里的吃苦耐劳、认真细致或乐观豁达的精神，这些不同的小品质，都有可能让他们在今后的工作和生活中大放异彩。

换句话说，每个孩子都是独一无二的，都有自己的独特优势和鲜明个性。每个家庭也是如此，都有其长板和短板。

拿这家孩子的60分和那家孩子的100分相比，相当于“田忌赛马”里，拿自己的上等马（强项）和别人家的中等马（短项）比。这样的比试，最多也只是一个“点”的比试，从整个人生来看，根本说明不了什么。

2. 攀比多烦恼，聪明的人是自己跟自己比

所以，与其横向相比，比到各种心塞、无力，不如纵向比，自己跟自己比，但求今天比昨天进步多一点。

很多年前，我第一次有这种粗浅的认知，是在24岁刚结婚那年。

可能因为年纪小，总免不了喜欢拿自家老公和别人家比，还自以为聪明地点拨他：“咱们没有背景就得更努力呀，不然几年后，你们同样起跑线的一批人，别人都借势上去了，你得有多尴尬。”

可我这位标准的学霸型老公，却总能云淡风轻地一言带过：“总是和别人比较，你永远也不会开心，因为总有人比你更强。所以我们就和自己比吧，但愿总能走在不断进步的路上。”

后来发现，在我先生的这种思维影响下，我们这个小家的幸福感一直比较强。

懂得不去刻意攀比，相当于给人生做了一道减法。不把自己的人生陷入周遭的舆论、眼光，以及自己制造出的假想敌和不快乐里，真的能轻松不少。

而懂得自己跟自己比，相当于给自己的人生做了一道加法。这促使我时刻正视自身，不断充值、努力和提升自己，可谓受益无穷。

这八年来，我们的每一个小进步，都满怀感恩和欣喜，我们去认真体会这种由自己的努力而收获的生活甜美；而每当裹步不前或走下坡路时，我们则自鸣警灯，居安反思。

3. 真正拉开距离的，往往是人生下半场

我真正对“人生就是自己跟自己比”这句话有更为深刻的认识，就是在 32 岁这一年。

今年四月，我放弃了拿着年薪、轻松稳定、中层管理这样一份普遍认为还不错的工作，成了一枚所谓的自由撰稿人，自称“回家的写字做梦者”。

很多人不解，以为我是工作遇到了难题，或者是想休息，或者是做做天生浪漫的文艺梦。

但我自己心里却十分明白，究竟是怎么一回事。

之前的工作，虽然看上去不错，但我最大的感觉是没有安全感。工作真的不难应对，我只需要吃过去几年积下的老本，就可以从容应对。后来因为业务周期等，工作更加清闲，以至于我感觉根本学不到什么，很少进步，每天熬下班，在聊天和刷网页中荒废。后来，在大段的工作留白中，我开始尝试捡回自己的写作爱好。再后来，觉得这样“身在曹营心在汉”，对公司和自己都不够负责任，索性就离职，专心看书和写稿。

离职到今天，大概刚好也就两个月吧。虽然这两个月我没有赚钱，后续的很长一段时间，我也不准备去赚钱。但内心却感到前所未有的充实并充满底气。

我每日泡图书馆、看各种书，仿佛又回到了求知若渴的读书年代。我通过记笔记和写稿子，将各种在书中看来的知识，加以归纳总结，辩证地分析，转化成观点，运用到生活中；我通过运营一个小小的微信公众号，而走入了一个更大的圈子，我没有与社会脱节，而是焕然进入了一个新天地。

这种感受，归根结底，来自于之前我为自己没有进步而焦虑发慌；如今我为自己有所成长而内心充盈。

过年的时候，我回老家，见了一位老朋友。这位老闺蜜在 20 出头

的年纪，是位标准的“生活家”和“闲太太”。工作，只是用来“打酱油”的。而在30出头的年纪，却摇身一变成了女强人，现在是公司里的二把手，却还在思忖着条件成熟时，自己开公司。

问其原因。她说：“我小的时候，父母一辈正赶上90年代轰轰烈烈的下岗潮。父母单位算是比较好的，给了一笔不小的安置费，看似下半生无忧了。很多人也以为是，所以过得十分安逸，每天开心地打牌、逛街、看电视。”

可是，没想到几年之后，差别就显现了。以为后半生衣食无忧的人，其实是在坐吃山空。他们真的就潇洒快乐了那几年，之后很快就陷入了更大的忧患；而懂得去拿那笔安置费，不断投资和再升值的人，当时谓之“喜欢折腾”的人，反而现在都过得比较好。

看吧，人生真是一场漫长的长跑。真正拉开距离的，往往是人生的下半场。如果说上半场是拼爹、拼长相、拼教育、拼资源，那么下半场才是真正的拼智慧、拼能力、拼心态、拼毅力。而且只有到了下半场，才能真正看出，你活得有没有价值，是否给了下一代更高的起点。

所以，不管你今天出身是不是好，站得够不够高，都不必焦虑或骄傲。我们见过太多将一手好牌打到稀烂的人，也见过太多手握烂牌却智慧转化的人。追其关键，不过是懂得居安思危，一生都在追求进步而已。

我想变得更好，只是为了让你看到

女人源源不断的向上力从何而来？有时，只是源于一个深爱着的人。在你心里，又有没有这样一个人？为了他，你想要拼命变成更好的自己。

作者圈里有一个20多岁的姑娘出书了。

当她的同学们还在忙毕业、找工作的时候，姑娘已成功签下了一家出版社和一家业内有名的文化公司，她的文章正在各大平台火热传播，好几篇都创下了阅读量和转发率的新高。别说她的小同学了，就连我们这些大龄作者，也都纷纷羡慕。

在群里的朋友纷纷向她道贺和取经的同时，姑娘也向我们娓娓讲述了她的故事。

原来，姑娘之所以会走上写作和自媒体这条路，只是因为一个人。

她喜欢的一个大他6岁的学长，是位刚刚博士毕业、留校任教的导师。这位学长在工作之余，还自己创办了一个带着“职业理想”与“文化情怀”的个人公众号。

学长本就是位十分难得的青年才俊，且容貌俊逸、颜值颇高，一路成长都是被目光追随而来，如今“自媒体人、心灵导师、青年作家”的头衔和光环，让他的仰慕者变得更多。

原本就和他只有点头之交的姑娘，如今想再有更多的交集，无疑是更难了。

怎么办呢？

姑娘想：既然学长把业余时间和重心都放在了公众号上，那么我也试试吧。至少，还可以和他拥有同样的爱好，了解他的困惑，走入他的话题和圈子。反正，姑娘也是中文系的。

可是，写文章和做公号这事，绝非外人眼里的，只是有事没事地抒抒逸致，或是单纯痛快地过过笔瘾。

姑娘从做公众号起，如她所说，奉献掉了除上课以外的所有业余时间。

当室友们在追剧看《欢乐颂》的时候，她只在吃饭的时候“眼馋”看几下；当室友们逛街、美容，和男友花前月下的时候，她只守在灯光下，默默地看书和写作；当室友们睡觉的时候，她躺在床上有时忽然想起了什么，然后又一跃而起，就着月光，让思绪在键盘里蔓延……

我们太明白，每个写作者从寂寂无闻到略有名气，都需要经过一段非常难熬的时光；即便熬了过来，依然要面对下一个阶段的严峻考验。这不仅需要过硬的笔力，更需要强大的内力和意志力。

姑娘的力量从何而来？我们秒懂了。

原来，爱上一个人，有时竟如同一场拼命、忘我的生长。

爱你是我的信仰，远胜世间一切力量。

姑娘的故事，让我想起不久前看过的一档栏目。

《江苏卫视》有档益智攻擂节目叫“一站到底”。其中有一期，有个穿白裙、披长发、一身公主范儿的纤弱姑娘，答题却非常冷静敏锐。她一路过五关斩六将，PK 掉了在场的众多男女选手，稳稳地居于擂台宝座，处处透着极强的个人功底和社会洗练。

在接近收官的心路感言中，姑娘说：“我参加这个节目，其实只是想让父亲看见。”

“高中毕业的时候，我没有按父亲的要求选专业，因此一向疼爱我的父亲特别动气，与我断了往来。为了坚持自己的想法，我一边在国外留学，自己赚学费和生活费；一边努力内外兼修，向着父亲所喜欢的样子。这几年特别难的时候，我一直在想：总有一天我会站在一个更高的舞台，向父亲证明——他的女儿是优秀的，她有能力兑现自己当初的选择。女儿没有给您丢脸，女儿永远想做您内心里的骄傲……”

原来，姑娘是存了这样的心结，她想在父亲面前争一口气，也想为自己争一口气。

或者，每个人的心里都有这样一个“小怪兽”，害怕别人去碰触，自己却在心里拼命地想要打开和释放。

某一天，小怪兽冲出牢笼，幻化成了大美女。

多想被你看见，成为你眼底的柔软和内心的波澜。

多想被你看见，就这样骄傲地站在你身边。

在你心里，有没有这样一个柔软的结。你的每一点成长，都是为了和他更好地遇见。

几天前，在楼下陪 4 岁的儿子玩耍。

忽然听到他跟别的小伙伴吹牛：“我妈妈上班的时候，是个领导。”

惊得我一身冷汗。

仔细回想，家中应绝无这种虚妄浮夸的言谈，可能是先生某次对我的揶揄，被他听了去。

我不安思忖：如果当孩子长大一点，知道他的妈妈现在只是一个无工作、无收入的家庭妇女，会怎样呢？

如果再大一点，当孩子需要填写各种表格，在妈妈那一栏里填上“无业”，会不会偷偷抹过一丝没落和羞怯的眼泪？

我多希望，以后孩子不管什么场合再提起妈妈，虽不用骄傲跋扈，但至少也能神采飞扬。

我多希望，他以后可以继续向小伙伴骄傲诉说：我的妈妈，她上得了职场，也下得了江湖。她有勇气叩问内心，也有能力追逐梦想。她手握一支笔，就如拥有一片天，她尽情书写自己的快意人生。

这阵子我没有上班，除了看书和写作，更多的时间也留给了孩子。

我和他一起看雨，教他如何闭目倾听，如何用五官去感受，用语言去形容。

我和他一起搭积木，在共同缔造的积木王国里，我试着去开发他的主观能动性，试着去跟他渗透一些社会规则，试着带他去发现需求，以及如何解决别人的困难、创造自己的价值。

我仿佛看见，我的每一点努力，也正投射到他的身上。

我期待，有一天我们会有一次真正内心的照见。

那时，我必是更好的我，你也是更好的你。

在你心里，又有没有这样一个人？为了他，你想要拼命变成更好的自己。或许，每一个优秀坚强的人背后，都有一个让她前行的理由。

你敢不敢边惬意，边努力

慢下来，其实并不是一件可怕的事。它只是让我们内心平静，然后向着目标愈加坚定不移，步履轻盈。面对未来，面对未知，你真的不必有太多焦虑和压力。

知乎上有这样一句话，曾让无数人戳中泪点：我不敢休息、不敢放弃、不敢倒下，就算不为了自己，也为了下一代能超越自己。

这话用来形容当下写字楼里的白领，体面背后是种种重压，却也再切合不过。

对这话莫名认可的一类人，或者也默认着这样一类观念：

1. 视上班、加班、奋进为一种常态，而当处于休闲、放松、放空的状态时，反而会出现一种内疚和负罪感；

2. 视离开一线城市为懦弱，视迁居二三线小城市或某个宜居小城镇的生活方式，为一种行为的倒退；

3. 视放弃高薪工作去追求内心的喜好，玩艺术、手作、烹茶之类，为一种不负责任。你是活得自在了，可你孩子呢？

于是，他们死磕自己、不敢休息。

可是，只此一生，真的活得幸福吗？

工作和生活、赚钱和志趣、自我和家庭等，真的没办法平衡、兼得吗？

想要解答“能不能兼得”这个问题，或者可以首先问一问自己：工作中的压力究竟从何而来？

早晨伊始，当你还没有真正苏醒，却不得不按掉聒噪的闹钟，从温暖的被窝里爬出来。——压力已然开始；

到达单位，当你早餐还没来得及吃完，领导行色匆匆地走来，说道：“今天有个任务，来我办公室开个会。”——压力徒然升起；

快要下班，当你已计划好了晚上的烹饪或聚会，却被告知有临时任务要加班。——压力瞬间爆棚。

可是，再仔细想想。这种压力，很多时候并不来自于工作本身，甚至发生在工作还未开始的时候。

这种压力，首先来自于我们内心的对抗。

尽管有时你并不真正觉知，但这种对抗却是内心压力的始作俑者，甚至会更宽泛地作用于你的工作生活。

与弗洛伊德同时期并驾齐名的一位心理学家荣格，曾在童年时期，得过一种怪病。

12 岁的荣格只要一看书，就会一头栽倒、晕厥过去。

他的家人为此带他四处寻医，可依然无果。

荣格成年后，童年时的这个小插曲早已随着时间不治而愈。可作为一枚心理学家，他拿自身的这个实例反复论证、剖析，最后发现了原因：

那年的荣格与同学在学校玩耍时，被一个熊孩子猛然推倒。他的发病不是大脑创伤所致，而是内心对学校产生了抗拒和逃避，由此指挥身体做出反应（读书晕倒），对与学校相关的一切都产生了焦虑。

这也是人类历史上与焦虑症这种心理疾病的一次重要交锋。

由此而知，当你本身处于一种对抗心理，其实会出现一系列的负面效应，比如产生压力、感到焦虑。

工作正是如此。

当你的工作处于为了谋生、为了孩子、为了跨越阶层，而不得不死磕自己、坚持工作、不敢休息的时候，内心的对抗也油然而生。

换句话说，一个人只是为了赚钱而工作，哪怕赚再多的钱，工作对他来说，也只是一种低级的存在。

更高级的状态是，工作是我们整个生命存在的一种表达。

当你真心热爱你的工作，工作就会成为我们表达自我的最好方式。

可是你很快又会发现，即便是从事内心热爱的工作，也依然不可避免地困顿、茫然、失措、焦灼……

必须承认，这种压力很大程度上源自工作本身的多、乱、庞、杂。

那么，我们怎么办？

我前几天参加了一场读书分享会，听到这样一个故事。

分享人的朋友，是一位职场女白领，因为工作压力大、节奏快，平常总是在办公室吃下很多小零食。

而为了身体和健康，她只要一有空闲，或者忙乱之中也要想方设法抽出空闲，去健身房挥汗如雨、消脂减肥。

某次跑步的时候，她心里还想着工作的事，于是一个不留神，身体徒然失控，180 斤的身体猝然跌倒在跑步机边。于是，一切不得不都停了下来，这一跤代价惨重。

这姑娘的故事之所以让我触动不已，或者因为我们何尝又不是另一个“她”？

号称职场达人的我们，自诩“工作生活不分家，7×24 小时在工作”，开车的时候、做饭的时候、陪孩子的时候，我们总是心不在焉，因为心里还想着自己未完成的工作，或者想着“快点快点，忙完这事，我还得去忙工作”！

而唯独工作这个过程吧，一会刷刷网页找找灵感；一会思忖着同事朋友正在干着啥；一会又担心是不是早上给孩子穿的衣服少了；一会又忍不住将手伸向罪恶的小零食。

于是，工作愈加没干好，生活愈加一团乱，身心愈加焦躁不安……整个人陷入一种恶性循环。

我们工作中的很多压力，虽然来自于工作本身的多、繁、杂，但真正打败我们的，却往往不是我们没有能力解决、没有可能突破，而是来自于内心的无法专注，来自于我们内心的忙、乱、慌。

那天的读书分享会上，一位老师也有感而发：

中国人在造“忙”“慌”二字时，其实颇有深意。

人一旦处于忙的状态，心就亡了；心一旦亡了，自己也就没了；找不到自己了，人也就慌了。

所以，你不需要以内心的忙、乱、慌，去应对工作的多、繁、杂，而是先找到自己，把心静下来，把身慢下来，一件一件专注其中，平和处理，事情往往也就迎刃而解了。

而当你真正有条不紊地解决问题时，也就自然不觉忙、乱、慌。

专注，是这个世界上真正对抗焦虑和治愈压力的唯一利器。

去年此时，有一种被称为“治愈亿万都市白领的减压神器”，正在全球大为流行。

它名字叫作《秘密花园》，大概很多人都有印象。当时我还大为不解：这不是小朋友的涂色游戏吗？究竟奥妙何在？是源于明媚的色彩本身给人们带来的心灵治愈？

正巧有朋友送了我两套，我便摊开画卷。

有意思的事情发生了。当你被眼前的线条和框架吸引，完全聚焦于指端的一笔一画间，你会发现你的心情是浑然放松的，却也是极为专注的。那一刻你心无旁骛，只有眼前的每一笔，并在那个彩色世界里，勾勒出小小的成就与满足。

在禅学之人眼里，打坐、抄经，或者都是如此。它们看上去是极简单的事，却也是极难的，因为需要你在这件极简单的事情里，做到全神贯注，只关注你打坐时的一呼一吸，抄经时的一撇一捺。但当你真正炼成此境，却也能在极小之事的极大专注里，获得一种难言的快慰与幸福。

更重要的是，它启发并培养你，将专注变为一种生活习惯，代入到工作、生活、休闲、娱乐、教育、读书等等林林总总的事情中。毕竟回归生活，才是真正的修行。

真正专注的人，都是平衡高手。

他们看上去总能工作、生活两不误，是志趣、财富、家庭、自我的集大成者，其实他们只是更懂得：在每一件事里“沉淀”下来——工作时投入地工作、生活时投入地生活，并在工作与生活的多元调节里，去拥抱更大的幸福，看到更大的世界，体味人生的丰富和有趣。

慢下来，其实并不是一件可怕的事。它只是让我们内心平静，然后向着目标愈加坚定不移，步履轻盈。

面对未来，面对未知，你真的不必有太多焦虑和压力。

因为你所有的未来，就包含在当下里。

养育篇

养育是一场自我的修行

为了孩子，才更应该做慢一拍妈妈

慢一拍，不是不管，而是学会适度放手，在成长中留白，给孩子真正的爱与自由。

曾经觉得，当了妈后，与优雅二字便渐行渐远。我们总忍不住焦虑、暴躁、着急……再好的脾气在孩子的各种问题面前，总忍不住要失控。

后来慢慢发现，你越焦虑，孩子越暴躁。你的每一点情绪都会反应在孩子身上，只会把问题引入极端。聪明的妈妈，不是不管、不问、不睬，也不用着急、上火、失控，而只需慢那么一拍。

孩子 3—4 岁这一年，可能是因为上幼儿园后的种种不适，尤其容易生病，身体格外羸弱。

有一段日子，我们几乎每周都往医院跑，他稍一咳嗽，我们就带他去做雾化；他稍一打喷嚏，我们就喂上感冒药；他稍一流鼻涕，我们就先去抽个血……此外，家里各种中药小配方、调理小偏方、营养小妙方，真是从来就没机会间断过。

做家长的这么焦虑，其实也是被吓怕了。就是刚入园的这一年，孩子曾发生过两次咳着咳着就咳成了肺炎、治着治着又治成了喉炎的惨痛经历，这样一病再病，孩子痛苦不说，整个免疫力被疾速地拉低。再想想这种恶性循环所带来的多米诺后果，真是不寒而栗。

可是，尽管我们这么紧张，尽管我们小心翼翼地监视着孩子的每一点动态，尽管我们一心想把病毒杀死在摇篮里，尽管我们每次在刚有症状时就采取了积极措施，都还是没能让孩子的身体发生好转。孩子咳嗽得更频繁了。

就在最无措的日子，有位喜好中医、略通医理的妈妈帮我看了看孩子，之后她幽幽地吐了七个字“你千万别急着治”。

“啊？”我继续一脸焦灼，大道理我都懂，我也相信每个孩子都有自愈力，“可是不治，他真的好不起来啊！”

她继续笑着说：“不是这个意思。而是很多感冒、发烧，在最开始的时候，症状还根本没有真正‘发’出来，甚至去查血象也几乎是完全正常的。这中间有个滞后性。所以在这个时候，你根本分不清到底是寒感冒还是热感冒，是病毒感冒还是细菌感冒，是因为感冒而咳嗽，还是仅仅只是因为有过敏源，或者饮食不当导致胃气不降而上火发生的咳嗽。在你还没有掌握症状、确定病因的时候，就给他治疗，这其实才是最可怕的。因为他的身边本来是平衡的，但药物却总有偏性。如果凑巧对了症还好，没对症，只会推波助澜的打破了他身体的平衡。当然，他的身体越来越差，病越来越难好。”

所以，不是不治，不是拒医。而只是慢一拍，让孩子的症状真正“发”出来、进一步表现出来，才能积极地对症下药。否则，只能适得其反。

后来，在这位朋友妈妈的帮助下，孩子的身体果然渐有所好转。我也开始借此审视着家中的“慢一拍”教育。

我想起孩子在一路走来的成长路上，其实有过很多次忽然冒尖的小问题。

比如，有一段日子，孩子忽然喜欢打小伙伴；有一段日子，孩子忽然喜欢抢东西；有一段日子，孩子忽然很畏惧走到人群中；有一段日子，孩子忽然把说脏话当有趣的事情……

其实如果从动态的过程去看，这不过是孩子的成长路上遭遇了一些敏感期。所以我深信：当时的孩子的脑中绝不是认同了这种方式，准备此后就朝着这个方向发展。他仅仅只是觉得好玩、新奇、有趣。

所以，做家长的往往不需要刻意去强化，不需要通过“你要”或者“你不要”去一遍遍加深这个行为在孩子脑中的印象，从而把小事化大，加深了这种行为在孩子脑中的惯性影响。

每当这种时候，我们很少会在当场就严厉地批评、制止、教育他，而是往往在事后，通过讲一个小故事，或是生活中的无形代入，帮孩子去建立一个正确的三观。

现在看来，孩子这些曾经的小问题，确实早已伴随着成长自然淡化、消失无影。

教育学中有一种理念，叫最好的教育是无痕教育。因为只有那种越感受不到教育者意图、越不漏痕迹的无声教育，才是能起到作用的教育。所谓无痕，正是一种慢下来的艺术，在生活中慢慢地渗透教育的艺术。

所以，慢一拍，不是不管。而是道法自然、因势利导、智慧地管。是先去珍视他、读懂他，再去拉拔抚育、用心灌溉，给予时间和空间，从中协助鼓励和激发动力。

继续审视我们这个家庭。有做得好的，当然也有不好的。

我想起有时我们一家五口在饭桌上，孩子忽然想喝水了，孩子忽然想改用筷子了，孩子忽然想再拿一个碗装菜了，孩子忽然弄脏衣服了，每当孩子提出要求的话音刚一落下，宠爱孩子的祖母几乎就是同声传音下令：快快快，给他拿水去；快快快，给他拿筷子；快快快，给他拿碗来；快快快，给他拿纸巾……

不仅仅是饭桌，这种“快快快”的声音，几乎一直填塞着家庭，充斥着他的成长左右。

所以，孩子的要求总是被第一时间满足，孩子的世界总是被悄悄注入一种紧迫感。

曾经看到一篇文章说，懒妈妈反而养出勤快娃。因为妈妈懒了，孩子才可能有自己动手的机会；因为妈妈懒了，孩子才可能有独立思考的空间；因为妈妈懒了，孩子才可能去放飞自由的行思，去挖掘潜在的自我，去探索未来的无限可能性……

甚至，因为妈妈懒了，孩子才有可能懂得：爱不是一味地付出，而是相互的体贴、关怀和给予。他会在不饱满的爱里，获得一个饱满健全的人格和一个独立强大的自我。

所以，慢一拍，不是不管，而是学会适度放手，在成长中留白，给他（她）真正的爱与自由。

我特别喜欢的一句话：静养心性，慢养儿。

愿我们都能做孩子成长路上，那个气定神闲的自己，那个优雅智慧的慢一拍妈妈。

富养的差别，看似毫厘却相距千里

中国人历来讲究中庸、平衡、和谐，在爱的国度里也是一样。我们所希望的富养和高贵，不正是懂得身体的自尊自爱，在精神境界却又博大而宽怀吗?

林徽因与陆小曼，两个典型按照当下富养女儿的标准，培养出来的民国闺秀。

同样出身富贵之家，同样从小就读诗书、精外文、学钢琴跳舞、习山水绘画、拿著名女校的文凭、请举止优雅的外教；且是同样的天生丽质和天资聪颖，又同样出落得仪态万千且才情兼备。

可是如果纵观两人的一生，或许林徽因更符合我们今天富养女儿的期待，她是真正把富养转化成了高起点和受益一生的高姿态。而陆小曼却把富养当成了挥霍，挥霍着钱财与容貌，挥霍了才情与爱情，更挥霍了自己这独一无二的青春与一生。

究竟，富养的女儿差别在哪里?

1. 真正富养的教育，不是附庸风雅，而是找到自己的一生志趣

林、陆二人，从小就接受着当时最优质、最丰富，且是中西结合式

的教育；从后来看，俩人在诗歌、外文、绘画、钢琴上的造诣，也是各有见长，难分伯仲。

那么她们的教育有什么不同吗？

答案是教育的初心不同。

陆小曼的教育，是那个年代里典型的淑女名媛式教育，那时“交际花”（非贬义）一词刚从西欧舶来，在中国的上流社会里被极为推崇，且在意识形态中强化了“血统”的概念，由此催生了名媛的阶层。

家有名媛，不仅意味着此女貌美婀娜、修养高贵、风华万千，更是豪门之家的“象征”和“荣耀”，甚至可能通过她们在社交场合的盘旋，带来家族更深的权利结合和社会影响。

所以那个年代里，如唐瑛、盛爱颐、章含之、王映霞等，多半自小就朝着名媛的标准来打造，她们学习诗词歌赋，或者本身没有特别目的（打发下时间），或者是从众心里（跟随主流形态），甚至带着一些功利和虚荣色彩……总结起来，即是为学而学、附庸风雅。

而林徽因则不同。其父林长民在当时也算是个与众不同的官员，不仅是清官一枚，且犹如清风一缕，满身正气。他好结文人雅士、工诗文墨法，他那个时候培养女儿，也是有意朝着学者的方向，而非名媛而去。

林徽因在16岁那年随父游历欧洲，正是吻合了今天“读更多的书、走更远的路，以知道自己究竟要什么”的富养女儿观念。她在放眼看世界的过程中，对不同的建筑形象和设计艺术大开眼界，由此，成了她一生的志向和兴趣所在。

教育的最高境界正是为了获得一份真正的志趣。它远不仅仅是一份工作、一个谋生手段、一项经济来源，它更是一个人一生中提纲挈领的灵魂。它蕴含着一个人的精气神，让人总有一个奋斗的梦想和着眼的落脚。

而没有这份真正的志趣，则如同陆小曼，即便养尊处优和衣食无缺，精神世界也是荒芜而寂寥的，需要拿更多的声色来填满。

2. 真正富养的品位，不是时尚奢华，而是懂得装扮和用心体会

民国的名媛们，在置衣打扮上也绝对不遗余力。陆小曼爱漂亮的衣服，穿着华服忙着赶场、听戏、打麻将。而与之有着“南唐北陆”之称的唐瑛，更有一段与之有关的翔实记录：

“她有十口镶金大衣箱，昂贵的裘皮大衣挂满大橱；最喜欢的一件旗袍，上面镶满红宝石和金丝线；有专配的裁缝；但凡法国贵族小姐所有，她一应不缺……时髦和前卫水平，旁人无法企及。”

而林徽因呢？倒也是个极其爱美之人。但恰巧也有段记录，说明着她的品味：

“她穿一身合体的旗袍，既朴素又高雅，自从结婚后，她就这样打扮。质量上好、做工精细的旗袍，穿在她均匀高挑的身上，别有一番韵味，东方美的娴静、端庄、轻巧、魔力全在里头。”

看到这段文字，不由让人想起其祖父林孝恂。时为翰林的他，常喜欢以一身青衣布衫，像普通百姓一般出入街头巷口，很是低调却又难掩一身儒雅之气。

女人对美丽有追求，这事本身值得赞许。包括今天富养女儿的观念里，也十分强调拥有品位和经营外表的重要性。但品位不是时尚骄奢，不是拥有 LV、GUCCI、PRADA，而是懂得通过更高的审美情趣，去选择与自己真正相宜的东西。美人与美物，本是相得益彰，而不是为其所累。

而更高一个层次的品位，是懂得用一双质朴的眼和一颗细致的心，去发现万事万物所蕴藏的原生美好和独特所在。一花一草皆是美，品味的高低在于有没有能力去体会。

3. 真正富养的圈子，不是达官显贵，而是和有思想的人在一起

说起林徽因的圈子，人们不难想起那闻名遐迩又饱受争议的“太太的客厅”。且不说这客厅是不是女主人的一份别有用心，且单看这厅中的座上客：

有政治学家钱端升，物理学家周培源，文学家沈从文和胡适，艺术史家邓以蛰，哲学家金岳霖，大诗人徐志摩。……还有清华、北大和燕大的教授和名重一时的学者，还真是“谈笑有鸿儒，往来无白丁”。

他们谈文学、谈思想、谈流派，笑谈中西古今。林太太的客厅，俨然是京城最有名的文化沙龙。而客厅的女主人，则成为京派文学的中心人物。

巧的是，同一时期在上海，以陆小曼为中心，也有一个“太太的客厅”（当时的另一种说法，冰心“太太的客厅”或指陆小曼）。

陆太太的客厅，往来的则是富贵公子和社交名媛，她们有钱又有闲，在一起无非是为了打发无聊的时光。觥筹交错间，她们享受着跳舞、打牌、听戏带来的欢愉，还有男男女女的刻意恭维……这样的圈子，带给她的是麻木萎靡和纸醉金迷。

要说圈子对一个人的成长和潜移默化有多重要？看看林徽因和陆小曼就知道。今天我们强调富养，拼命地择名校、择小区，自己也挤进更好的圈子，是为了给孩子一个更好的人脉环境。这些本身或者没错，但真正有营养的圈子，不是要多富贵，而是和有思想的人在一起。

4. 真正富养的高贵，不是世界唯我，而是自尊自爱并拥有大爱

记得曾经在富养的理论中看到这样一句话：父母希望给孩子更好的物质条件，不是一定要包装上公主的身份、豪门的背景、华丽的服饰和贵族的教育，只是希望她有一天独自走入这繁华社会，不至于被有心男

人的一粒糖拐走。

或者说，我们富养女孩所期待的真正高贵，只需要做好一件事，就是像花蕾一样把自己严严地包裹起来，和那些臭小子保持距离，永远尊重自己的身体和心灵。

如果说离婚、堕胎、吸大烟，将本来万般美好的陆小曼，一步步推入万丈深渊。那么这背后的根源，是她对自我身体的不够保护和重视。作为已婚女人的“翡冷翠一夜”（虽然没有带来什么影响），是她在思想上任性、在身体上无畏的开始。接着，为了爱情而仓促堕胎、在堕胎中又伤及了身体，为了让身体减少痛苦而染上大烟，此后更是欲罢不能、缠绵烟塌，离不开烟、钱和那个带她吸烟的男人。

可以说，陆小曼是真正热爱自己的灵魂，却不真正爱惜自己身体的女人。而相较之下，林徽因确实要好得多。

她在豆蔻年华之时，遇到徐志摩的猛烈追求，没有一味地跟着感觉走，而是先与父亲沟通商量，视为懂得自重与自爱（虽不敢说林长民的选择一定对，但就这种坦诚沟通的家庭氛围，却是我们所真正期冀的）；后来她在老北京的建筑保护面前和战火纷飞面前，所表现出来的巾帼不让须眉的精神，可视为心中有大爱。

我们所希望的富养和高贵，不正是懂得身体的自尊自爱，在精神境界却又博大而宽怀吗？

富养与富养的差别，为何看似毫厘，却又相距千里？与其说穷养、富养、散养都是爱的方式，不如说这是爱的分寸与技巧。中国人历来讲究中庸、平衡、和谐，在爱的国度里也是一样。本文不在于非要拿林徽因和陆小曼一较高下、说个淋漓，而只在于说明，在那条通往爱的路上，需要我们每一位父母，用尽一生去体会。

时间宝贵，让孩子玩在有趣的事物上

每个孩子都有自己独特的潜能。我们不能以自己的意志去要求孩子，而是尽可能地为孩子提供一个开放的成长环境，让他们自己去认识世界，找到生命的价值。

记忆中一直储存着这样一个画面：

几年前集团公司的迎新晚宴上，其中一个节目，是由董事会三位老板的三个公子同台演奏的一支曲目。他们都是十三五岁的半大小子，一个弹钢琴、一个架子鼓、一个献唱，他们在聚光灯的追随下，星味十足地出场、帅气专注地表演，之后又潇洒大方地转身谢幕，只留台下一片“天哪”“哇”的尖叫和呼喊。那大概是当天全场最惊艳和最令人叫绝的节目了。

当时就有同事小声议论：“据说，学一两种乐器，不过是这些贵公子多彩生活的其中之一。此外，他们还学奥数、玩机器人、练高尔夫、听音乐会、赴海外游学……”我甚至能够想象，几年后他们会是一个“相似却要更高于父亲”的模样。所谓“三代才能培养出一个贵族”，大概正是基于这样的成长与传承。

不过我也一直挺好奇，为什么三位老板会不约而同地选择去培养孩子的音乐兴趣？毕竟，作为男孩子，音乐可能在他们未来的实际工作和生活中，所占比重极少。

作为老板身边的“笔杆子”，某次我近水楼台地和他攀谈。老板笑说：“孩子一直是班上的班干部和优等生，但我最骄傲的，却从来不是他的成绩，而是他在班级里的自信大方和人缘极好。”他说现代教育的一项研究表明：懂音乐的孩子情商更高——孩子学艺术的好处往往在艺术之外，在于那些全方位的渗透和影响。

为此，我还特意去翻阅了相关书籍。果然，音乐就像魔法师。它对调节情绪、促进大脑潜层发育、培养共感能力、提高审美情趣等等都有独到之功。它潜移默化地注入一个人的灵魂，却显性表现在了一个人的气质、思想、谈吐和品味上。

让孩子玩音乐，音乐本身并不是目的。而仅仅只是回归为人父母的初心——让孩子成长为一个更具有生命质感和幸福感的人。

可能也是因为周边环境对我的影响，有了孩子后，我也一直是朋友眼中那个爱折腾的妈妈。

孩子不到一岁，我就给他报了早教班；早教两年结业，又给他报了英语班和积木班（对于其他兴趣班，我也都抱着大可一试的态度）；我按月给他订阅启蒙绘本和早教产品；孩子上幼儿园之前，就已经完成了走南闯北的 N 次旅行……

有时也会有朋友问我：“这么小给他这些教育有用吗？还不如就让他轻松玩几年。”

我每次也笑着答：“我其实就是让他去玩的。”

和很多一起“报班”的妈妈们交流，大家的出发点大都一样——不会给孩子施压，不一定要孩子学会什么、学成什么样，只不过是为了孩子有个地方玩、知道怎么玩。

说起来好像是为了玩得更高级，但说到底或者也是源于妈妈们心底的某些困惑。

仔细想来，究竟是什么样的困惑呢？

作为新手妈妈，在陪伴孩子的漫漫时光里，其实往往很茫然。不知该如何跟孩子玩，更不知乐趣在哪里、如何引导他，如何找到彼此都能投入其中、开怀快乐、积极阳光的亲子状态。

记得孩子不到一岁的时候，我曾为完全不懂“婴儿国”的语言而大为惆怅，为不懂该如何引导他融入、理解我们的世界而大为慌张。所以，我和他讲故事、玩玩具、上早教、做亲子游戏，不过是希望借助一些专业的工具（玩具）和科学的方法，去更好地跟孩子互融、互通和互动。而事实也证明，这些融入了人类智慧的教育产品，确实能够更好地帮助找到彼此的契合点，有助于在玩中带他感知和探索这个多元世界。

所以，玩具（上课）本身不是目的，目的仅仅是通过科学愉快的方法，更好地跟孩子互动。

作为新手妈妈，其实害怕因为自己的短视、盲区和局限，去束缚了孩子的天性发展。

哲学家雅斯贝尔说：“教育的本质是唤醒。”这句话在当今全球教育界依然享有颇高的权威。而我的理解是每个孩子都是一块独一无二的瑰宝，他们都有自己独特的潜能，所以我们不是以自己的意志去期望和要求，而是尽可能地为孩子提供一个开放、开阔的成长环境，去启发他们的潜能实现（唤醒），让他们自己去认识世界，找到自己的生命价值，发现真实的自己。

所以，教育（养育）本身也不是目的，而目的仅仅是提供充足的条件，让他找到他自己。

据说未来将进入一个高度关联、无孔不入的互联时代，我们的孩子将进入一个“拼玩”的世界，“会玩”才是未来 30 年里最重要的软实力。

但这种“玩”，绝不是父母看着年幼的孩子，安慰自己说：“孩子还小，就让他痛快玩几年吧。”

于是，孩子每天回家，就守着电视机看动画；或者百无聊赖地躺在床上。

给他一个撬板，他才能玩出一个新世界。时间宝贵，让孩子玩在有趣的事物上。

在孩子的问题前，做一对心机父母

能够发现孩子问题根源的父母，多半并不独具智慧，也并非教育专家，他们只是在与孩子的亲密接触中用心发现个中端倪。

人们常说：管孩子要趁早。因为晚了，小问题就已铸成“毁娃一生”的坏习惯，可是，和身边的很多爸妈们交流，很多时候，我们不是没有发现问题，也不是不想及早规避，而是纵使你三令五申，讲道理、打板子，软硬兼施，孩子还是我行我素、转头照旧。

到底怎么管？

需要为人父母也有点“小心机”。

孩子四岁半左右，某个周末，带他去参加一场小型的亲子故事会。

老师讲完故事后，要求孩子们做一个互动表演：

想象故事里怪兽的样子，自己任意发挥和模仿，之后到舞台中央，完成一个独一无二的个人走秀。

老师的目的是活跃气氛、锻炼胆量、培养模仿力、开发想象力。孩子们挨个儿手舞足蹈地走过舞台，有张牙舞爪的、有蹑手蹑脚的、有嚣张跋扈的、有满地乱滚的……

可轮到我们家孩子，他却怯怯地躲在我身后。我越往前推他，他越抱紧我。情急之下，竟嘤嘤啼哭起来。

当娘的那一刻，心里别提有多溃败。

不仅仅是因为看到自己的孩子，没有同龄小朋友那么大方、自信、可爱；

更重要的是，自打孩子出生以后，为了让他成长为一个阳光开朗的大男孩，我带他上早教、学外语、周末踏青、长假旅行、参加各类亲子活动……真是没少在背后下功夫。

可到底问题是出在哪里？

我仔细回想。孩子虽然一直略为胆小腼腆，但大多数时候，他也乐于和小伙伴互动，也能够在老师面前积极举手展现，哪怕真正上台还是紧张难掩。

但我很快也发现了差别。以往上台，表演自我介绍、儿歌朗诵或者回答问题等等，多半是因为他知道答案、知道如何去做，已在家里练过无数遍，因为心里有底，在帮他克服恐惧。

但这次怪兽长什么样，大概完全超乎他的想象，因此也就失去了大胆的底气。

可是，一生那么长，又如何可能在每一次事件面前，都有备而来、胸有成竹。但好在找到根源，父母也好见招拆招、有的放矢。

找到孩子问题背后的根源，往往是有效解决的第一步。

和身边的妈妈们交流，大多有同样的困惑和感受。

很多时候，我们并不是没有发现问题，也不是不想及早规避，而是纵使你三令五申，讲道理、打板子，软硬兼施，孩子还是我行我素、转头照旧。

一位朋友妈妈细心总结：

如果一个孩子爱撒谎，多半是因为发现撒谎可以趋利避害；

一个孩子总找借口，大概是承认错误会有更恐怖的事发生；

一个孩子不够守信，多半以往没做到也没人让他承担后果；

一个孩子尽力也踢不好球、跳不好绳，多半因肢体协调能力不够；

一个孩子注意力不集中、语言表达不流畅，多半小脑发育还不完备；

……

孩子所表现出来的每个言语、行为，一定有其背后的原因，绝不仅仅是表面那么简单。

这中间有主观的、客观的、家庭的、个体的，即便是同样一个问题，放到不同年龄段、情境中，形成的原因往往都千差万别。

所以，养孩子的过程，哪有什么包治百病的“特效药”，只有找到源头，父母才有可能对症下药。

然而，这也仅仅只是第一步。

那天的故事会活动后，找了个状态不错的时候与他聊天。

“今天为什么不愿意表演呢？”

孩子不说话。

“是不是不知道怎么去模仿大怪兽？”

孩子点点头。

“那你猜猜，大怪兽长什么样子？”

孩子想了想，还是摇摇头。

“这个世界上，根本没有大怪兽，只是人们的一种想象。所以这个问题，根本没有标准答案，你只要发挥自己的想象，自由模仿一种让人害怕的样子就好。”

孩子似懂非懂，但有兴趣地望向我。

我继续说：“并不是每一次你都要准备得非常充分，才敢走上台去。比如爸爸妈妈的世界里，经常会遇到一些即兴演讲、临时发言、紧急会议，这种情况本来考验的就是一个人的应变能力，你只需自信大方地展现自我就很好；小朋友的世界里，没接触过的更多，像上台唱歌、跳舞、做游戏，本来目的就在参与，你只需积极大方，就能获得一份掌声与快乐。”

诚然，四岁半大的孩子，对妈妈的这番话还不能全然理解。

但我却相信，这些观点能为他打开一个更开阔的视野。就好像刚出生的孩子虽然听不懂、不会说，但那个乐于在他耳边细语的妈妈，却能让孩子更早获得语言能力一样。

除此之外，我继而想到，我之所以如今“即兴表达”能力不算太差，“台风”也差强人意，其实很大程度上，源于父亲对我无形中的影响。

父亲是个特别活跃的人，他从年轻那会儿就特别热衷各种文体活动。我常常跟着他，看他如何热情爽朗地与人沟通、上台说话、应对不备之事……

言传身教如此重要，所以，我报名了那个故事会的“爱心故事妈妈”，也有机会带着自家孩子给更多的小朋友上台讲故事；我刻意让孩子更多接触妈妈的工作场合，有时遇到一些小插曲，我俩甚至会事后交流讨论。

用语言启发他懵懂的思想，并在他漫漫成长路上，不断用实例、观点来充分佐证——此为任重而道远的第二步。

那么，重要的第三步是什么？在于一个家庭里，必须夫妻同步、观点一致。

某次遇到孩子的另一问题。我们说好玩到晚上九点就收拾玩具睡觉，可等到了时间，孩子正兴头十足，让他言而有信，他却撒泼大哭。

一番说教不成，我做了让步：“再给八分钟，之后必须结束。”

孩子还没来得点头，孩子父亲在一旁咆哮：

“你能不能有点原则？和他商量有用吗！你这么一再纵容，孩子怎么会自律？”

我和他爹最近的确意识到了孩子的自律性问题。但在今天这样的场景，他主张对于屡教不改的问题要严厉作风；我则主张具体问题具体分析、人性化管理——很难说究竟孰对孰错。

但在孩子爹勃然大怒的这一刻，我注意到：孩子的注意力瞬间被父亲吸走了，他默默地盯着父亲看，然后又望向我，想窥探我有什么反应。

我庆幸自己当时注意到这点，控制了情绪，没有跟先生当面争吵。不然，孩子的关注点将彻底从“我到底是否该加强自律”，变成了诧异观摩父母的闹剧。

事后，我跟先生约法三章：

1. 在孩子的问题方面，夫妻必须观点一致，保持同步。即便管教上有具体争议，也要事后探讨，而不能当着孩子的面发生激烈冲突。

2. 正视孩子问题的存在。既然养成不是一朝一夕，解决也不可能一朝一夕。养成好习惯，本来就是一场持久战。

3. 别把自己情绪暴躁当成是对孩子要求严格。作为父亲，可以严厉，但方法不能简单粗暴。

在孩子的问题面前，做一对“心机”父母。

所谓心机，不仅仅是讲方式方法，更重要的是父母要真正用心。

能够发现孩子问题根源的父母，多半并不独具智慧，也并非教育专家，他们只是在与孩子的亲密接触中，更容易发现个中端倪。

百万畅销书作者西尔斯曾提出过一个“亲密育儿法”，奥妙也正如此。因为只有亲密育儿，才能想孩子所想，发现问题，再顺藤摸瓜找到解决方式；也只有亲密育儿，才能在亲密感中建立家庭秩序和父母权威，让孩子真正愿意信任你、依恋你、倾听你。

科学教养很重要，但在所有的方法面前，父母首先要有心。

养孩子的过程，才是女人真正的人生重塑

有了孩子，女人的生命才得以圆润、平和、完整。而孩子的成长过程，何尝不是妈妈的一次再生长。

我的女友玟，当妈那年虽然已二十又七，但分明还是个孩子。

“80后”的玟是家中独女，父母宠爱有加，从小到大身边事务一应有家人大包大揽。

玟姑娘也乖巧听话，18岁那年以高分考入本地一所重点高校，24岁于千军万马中考入本地的公务员系统，25岁嫁了门当户对的青年才俊，26岁买了房贴着自己娘家边上住，27岁生下一个健康活泼的宝贝儿子……

玟从小集万千宠爱于一身。明明奔三了，且自己做了妈，而眉眼间依然像少女一般单纯、明媚、不谙世事。

当然，玟身上也有着“80后”一代典型的“独生子女综合征”：娇气、矫情、丢三落四、不太想事、不太会经营家庭。

玟丢三落四的习惯，从我们做同学那会儿就挺出名。平时忘记带作业本、书、笔之类，这都是常事。有次竟然连书包也忘了拿。

但好在玟的家离学校特别近，竟也能课间十分钟跑个来回，把忘带

的东西取回来。再加上玟的母亲是位细心温柔的全职妈妈，有时发现孩子落下的东西，也会二话不说送过去。

正因为有人宠着，从小忘性大的玟，倒也嘻嘻哈哈地长大，竟也一直没捅多大篓子。

可是，玟的丢三落四，很快就在孩子身上栽了跟头。

孩子一岁半那年，开始只是感冒，可是医治了一周多，仍不见好，仿佛还有愈发严重的趋势。

某天晚上，孩子烧到 40.3℃，伴随着呼吸急促、鼻翼翕动。读过一点小儿医学的玟暗叫不好，多半是已经发展成了肺炎。于是急匆匆唤回正在加班的先生，俩人抱着孩子一起往医院跑。

急诊室里人头攒动，看病的队伍特别长，老公说："快，等不及看病了。先给孩子喂上退烧药。"玟一边答应着一边摸兜，糟糕！急中生乱，竟然忘了带药！

玟急得直跺脚，但又马上淡定下来。既然到了医院，手里又拿着钱，不至于买不到一瓶药。

于是跟诊室门口的护士商量："能不能先给开个药单？"

好不容易跟护士说通了，玟再一翻包，糟糕！竟然连诊疗卡、病历本，统统都没带！

玟再仔细一想，出门前明明特意翻了出来，多半是当时随手放在柜子上，走时竟忘往包里放了！

玟急得彻底慌了神，忍不住快要哭出来。一向温和的先生也忍不住对玟当场大发雷霆。

可怜的是怀抱里的孩子，小脸发紫、耷着眼皮、有气无力，蔫蔫地倒在父亲怀里，只剩下急促的呼吸，仿佛在回应着父母的一场闹剧。

后来还是医院里的好心父母贡献出了自己的退烧药。玟又赶紧给母亲打电话，央求已给自己带了一整天孩子的母亲，再从被窝里爬起来，打车到医院送来诊疗卡。

孩子虽然就了医，一周后病也痊愈了。可是这次过后，却让玟彻底长了记性。

玟每次出门前，再不会那样随性洒脱，而是先在脑子里细致统筹：今天需要去哪些地方？做哪些事？需要什么配置？哪些可以备用？是否都已带好……甚至渐渐学会为家人、朋友和同事一并周到考虑。

在生活中养成好习惯的玟，竟也在工作中很快尝到了甜头。

她发现自己效率更高了，做事也更有条理了，即便是领导交给她更大的项目，她也能有条不紊地全面兼顾了。

有了孩子后，才是女人真正的人生重塑。

类似的故事也发生在我的同事小敏身上。

1990 年出生的小敏 23 岁那年就有了自己的孩子，虽然对外公开的缘由是反正早晚要生的，早生早恢复。

而更深层次的原因或者是，从大学校园走出来的小敏，一直不太适应职场。她痛恨朝九晚五的规则，厌倦枯燥的文书，也看不惯办公室里的一些裙带关系。

于是，刚一确认怀孕，小敏就以安胎为由，擅自做主辞了职。

小敏的父母和公婆都未退休，老公工作也不错。家人见小敏坚持，就都依了她。于是，怀着孩子大半年，母乳喂养快两年，不忍分离焦虑又一年……小敏就这样与职场“断片”三四年。前阵子听说，她已开始备孕第二个孩子。

可就在几天前，小敏打电话给我，提及如果有合适的机会，可以帮她推荐一份工作。待遇低点没关系，关键是给她一个努力胜任的机会。

我有些惊讶，从来就不需赚钱养家的小敏，怎么会把姿态放得这样低。

原来，3 岁的女儿上幼儿园这年，给了她一记重拳。

女儿比同龄孩子的入园敏感期似乎要更久。

开学三个月来，女儿几乎每个早上都哭哭啼啼，红着双眼说不愿意上幼儿园。有一次，小敏头天晚上和声细语跟女儿沟通得很好，可真到了第二天早上，女儿又开始一如既往地哭闹、抵抗。

小敏有些崩溃，忍不住要发脾气。

这时，她听见女儿抢先怯生生地说："为什么妈妈就可以待在家里？为什么你就不用去上班？"

小敏瞬间哑口无言，第一次在女儿面前羞得面红耳赤。

为了解决女儿的"老大难"问题，小敏之后特意蹲点幼儿园好几天，在教室外偷偷观察。

她很快发现，镜头里的自家孩子显得格外孤僻、内向、不合群。她很少和老师互动，当别的孩子大方上台表演时，她只会在下面默默地看。当老师喊到她，她也怯怯地向后躲。

小敏一下看湿了眼眶，那个独孤、内向、凡事向后躲的孩子，分明就是一个缩小的自己。

一个对自己要求都不严格的母亲，如何对孩子要求严格？

一个把自己都封闭起来的母亲，又如何带给孩子一个更广阔的天空？

一个连母亲都缺少进取力量的家庭，又如何去培养一个朝气蓬勃的孩子？

最好的家庭教育，是和孩子一起成长。

正是这一次的重拳，让小敏下定决心，和女儿一起走出家门。

孩子是母亲心里最柔软的家伙，却总是带给我们最坚毅的力量。

让我们在孩子成长的过程中不断调整反思，努力让自己也变得更好。

养育孩子的过程，也是父母自己的一次修行。冥冥之中，生命带给了我们最好的重塑机会。

前几天，去看望一位 38 岁高龄诞女的老同事琪。

琪生完孩子不到百天，气色、状态却出奇地好，身材已恢复到比怀孕前更瘦，年龄更是看上去小了十岁。

我们问琪，究竟用了啥减肥又减龄的灵丹妙药。

琪笑说：“除了全力哺乳、全力带娃和科学配餐，再无其他。”

生过孩子的女人们都不难理解，哺乳的过程，其实正是生理上给母亲的一次体型重塑的良机，而产褥期，也正是每个女人一生中绝无仅有的改善体质的黄金期，带孩子的过程，虽是女人最辛苦，却也是获得最大幸福和感悟的时候。

有了孩子，女人的生命才得以圆润、平和、完整。而孩子的成长过程，何尝不是妈妈的一次再生长。

只要你真正全力以赴地去当妈，全情投入地去爱他（她）、养他（她）、陪伴他（她），你也在这之中，得到生命最美的重塑。

一个人的原生家庭里，藏着未来爱人的模样

我们每个人都是带着自己原生家庭的烙印，去开始成长的历程；我们一生都是带着自己原生家庭的缺憾，去寻找、修补和愈合。直到某天，遇见那个人。

虽然钱多、养眼、脾气好、性格合、有远见、聊得来的爱人，人人爱，可是，当你明白恐怕难以遇上一个各项完美、十项全能的另一半时，你会把哪几项归为必选项？而哪几项对你而言，压根没那么重要？

你有没有发现，喜欢你的和你喜欢的，几乎总是一类人，他们之间总存在着微妙的共性。

或者，你喜欢什么样的人、看重什么样的条件，早在你的原生家庭里，就已极富个性地形成了。

我的美丽女友桐，刚大学毕业那会也曾相亲无数、倾倒男粉无数。

可她最后的选择，并不是那位显而易见的条件最好的男人——最具经济实力、最有发展潜力且样貌品性也不差的，而是那位对她最好的。

“对她好”其实是个挺抽象的概念，且每个人对“好”的理解都不一样。那么这其中，让桐感觉到“好”的细微感受在于：蓝先生说话温柔、行为绅士，言谈举止里透着他良好的个人修养与文化学识，一言一

行里写满了他对她的深情与厚意……

你若走进桐的家庭，便不难理解她对这份“好”的格外看重。

某次和桐聊天，一向懂事的桐姑娘却说：“有时我真觉得我爸配不上我妈，她应值得更好的生活。若不是嫁给我爸，她现在的气度、阶层和见识，恐怕都不可同日而语吧。”

桐的母亲是位典型的大家闺秀，桐的家庭看上去本没什么不妥，经济小康、平稳和睦。

可在桐看来，自己家三十多年的和睦，很大程度上维系于母亲一直以来的隐忍——一方面是小原则上的不断妥协，由此渐被父亲身上的气息所同化；一方面是大原则上的始终坚守，才保障了这个家的品质和风貌。

桐的父亲是标准的大男子主义与家长做派。家务活很少担当、回家直接上饭桌、椅子倒了跨过去、油瓶倒了不带扶……虽然自己做得少，但对家人要求高，如果哪个细节不对了他的心思，往往一言不合就掀桌。

桐在少女时代也挨过几次不容分辩的豪打，每每那时，她就在小房间里恨恨地想：长大后绝不会嫁一个这样的男人。

如此，蓝先生的温柔体贴和尊重女性，让桐感受到了前所未有的莫大温暖——一种在童年时就极度渴望并缺失的温暖。

而如果更客观地看桐的父亲，他也并非完全不可爱的人。桐认为，父亲的优点在于：安稳本分、热爱生活，且十分看重家庭、爱护妻女。

正因为此，从小被富养的桐，并不是一个对物质特别看重的女人，她敢于舍弃那个更有钱的男人，也敢于活得更浪漫、更感性、更真实。

一个人在原生家庭缺憾的部分，会在成年后拼命加倍找回。而一个人在原生家庭富足的部分，反倒容易做出理性取舍。

桐的经历让我想起“民国女神”林徽因在两大仰慕她的俊杰之间，

所做的那段经典抉择。

一边是深情款款的文艺诗人徐志摩，另一边是出身名门的翩翩公子梁思成。

被选的梁先生显然也受宠若惊，他问："为什么会是我？"

他们的朋友费慰梅却看得真切，她说："这些年徽因和她伤心透顶的母亲住在一起，使她想起离婚就恼火。在这起离婚事件中，一个失去爱情的妻子被抛弃，而她自己却要去代替她的位置。"

这"伤心的母亲"正是林长民的第二任妻子。因她不得宠，母女二人被安置在狭小的后院，而父亲的妾氏却和四个儿女住在宽敞的前院。

好在林长民对冰雪聪明的长女另眼相看。因此，林徽因的童年"半是阳光半是雨"，一方面从母亲那里感受寂寞与阴冷；另一方面从父亲那里获得宠爱与娇呵，也由此看到了一个更明朗的世界。

当门缝的斜阳照进阴暗，她更本能地呼唤一场父慈母爱的阳光普照。

所以，当爱到痴狂的徐先生要与妻子离婚时，却是触及了她深处的敏感与隐痛：

她无法接受一个抛妻弃子的男人，而推着另一个女人成为母亲那样的人；更无法接受一个有过婚史的男人，而使自己成为如母亲一样的继室夫人。

她的潜意识里呼唤一段堂堂正正的婚姻和一个原配夫人的身份。所以，她感情的天平倾向了梁思成。何况，她与他还有着共同的理想与追求——这也是她眼见母亲那段婚姻里所欠缺的。

诚然，她爱着徐志摩的温柔浪漫和诗情画意，但这绝不是她所看重的选项——或者因为，父亲也是个柔情之至的男人，他与志摩曾是忘年之交，还曾玩过互传书信的练笔游戏，写过"风情万种无地着"那样香艳的句子。

这些却给林徽因打了预防针，让她对男人的风花雪月早有免疫力。

婚姻中，表面上我们是与自己的配偶相处，其实是在不断经历自己过去与父母的关系。

如此，便也不难理解张爱玲。

张爱玲的两任丈夫胡兰成、赖雅，分别比她大 14 岁、29 岁。

关于这一点，她在某次与苏青的聊天中谈及：

“我一直想着，男人的年龄应当大十岁或十岁以上，我觉得女人应当天真一点，男人应当有经验一点。”

或者，也只有这样的关系才亦父亦夫。

张爱玲虽出生在显赫之家，但其父张廷重却是一个不折不扣的败家子。他不仅没有给女儿关爱，反而给了她惨绝人寰的冤枉、暴力、软禁，甚至叫她去死……

很难说，她后来爱着的男人，是父爱般的男人，还是父亲般的男人，甚至只是为了印证自己在“父亲”眼里的可爱。

原生关系中有这样一段话，或许可以解读：

生命中，我们常常不由自主地与某些特定的人发生爱或恨的关系，潜意识中借着他们或快乐或痛苦的深度情绪互动过程，得到第二次机会，来医治过去所受的心理创伤、弥补过去的遗憾、满足童年时对自己特别重要却未能得偿的一些心理需求。

原来，爱上这样的男人，始于一场原生情结，在成年后会不受控制地反复使然；

原来，即便和胡兰成是纠缠、是伤害、是痛苦，于张爱玲，也是一种无药的医治。

如果从一开始，张爱玲遇上的不是有人格缺陷的胡兰成，而是如桐姑娘遇上温柔儒雅的蓝先生、林徽因嫁给专一理性的梁思成。或者，那个亦父亦夫的男人，可以很大程度上平息她的焦虑、安抚她的痛苦，用行动为她注入安全感，让她的人生得以重塑。

我们每个人都是带着自己原生家庭的烙印，去开始成长的历程；我们一生都是带着自己原生家庭的缺憾，去寻找、修补和愈合。直到某天，遇见那个人……

可也并非所有人，都能遇上对的良人。

那么，如何能摆脱病态的医治呢？

如我之前在另一篇文章里提过，我们解读命运的密码，是为了更好地掌控它。如果知道原生的缺憾在我们成长后，可能会成为一种埋藏的隐患，以超凡的强度反扑。那么，最好的办法是，在此刻，停下来回想一下：

你有没有一些童年特别想要，而又没有被满足的物品？

你有没有童年记忆特别深刻的负面情绪或创伤？

你有没有一些不受控制的情绪触点？

哪怕过程是痛苦的，意义却是积极的。它也可以使我们更了解自己的一些莫名的情绪来源，使我们以成熟、客观的立场，探寻自己的喜好成因和性格源头。

找到因果，才有可能使行为、认知和情绪等，不受成因所挟制。

如果已婚，你可以和伴侣一起，通过回忆童年，帮彼此找到症结、探寻成因，理解彼此的行为偏执和情绪偏激，一起与过去释然、与未来和解。

告诉对方："你需要拥抱现在的伴侣，而非弥补童年的缺憾。"

如果已育，你们现在的就是子女的原生家庭，要给孩子一个健康健全的成长环境，时常倾听孩子内心的需求，不要让某一需求始终处于深度匮乏的状态。

好的妈妈，是孩子的女神

好的妈妈，在自己的态度中引导着孩子。她们一边大胆地跟着感觉走，一边又有自己坚守的底线与原则。

2016 年春天，我的女神刘诗诗大婚。而颇让人记忆犹新的，是婚礼上诗诗的妈妈。

那天她穿一身水蓝色旗袍，修长的身材婀娜有致，脚踩一双与女儿同款的蓝色水晶鞋，气质温婉大方，有一种同龄人少有的娴静恬淡，与诗诗同框时，仿若一对妙龄姐妹花。

网友们纷纷评论：见到刘诗诗妈妈的照片，才忽然理解诗诗身上那份气质和从容的来源。有如此气质如兰的母亲，女儿当然如此出众。

一个真正的好家庭，的确首先是拼妈的。一个家庭里，母亲传承给自己孩子的，绝不仅仅是相似的五官、身材、外形、气质这些显性的基因这么简单。

有圈内人曾评价刘诗诗，说她真是娱乐圈里少见的那种老实孩子。也的确，刘诗诗出道多年，鲜有负面新闻，绯闻更是近乎为零，干净淳朴得宛若娱乐圈中的一股清流；再加上她始终云淡风轻、高贵清丽，也确如孩童一般单纯宁静得让人喜欢。

这样一种骨子里透出来的气质，和多年保有的品性与定力，显然与她的成长环境和家庭教育有关。早有娱评人总结：看到刘诗诗的妈妈，结合刘诗诗出道多年的表现，可以想见，诗诗平时的家庭教育也一定是传统、大方、规矩、有爱的那种。

有一种家庭养出来的孩子，无论孩子将来走上什么样的道路、遇到什么样的境遇，都拥有一种自我把握幸福的能力。

刘诗诗正是如此。据说诗诗本来的愿望是当一位芭蕾舞老师。她多年学习和热爱舞蹈，如果能一直沿着这条路线走下去，本也挺好；

可她大二时误打误撞成了一位职业演员，在名利圈的光环附加下，她懂得去除那些不必要的野心和贪欲，洁身自好，成为一个有工开、有人爱、有财富、有自由的那个最好最快乐的自己。

像极了她的父亲母亲。诗诗说“父母曾是工厂工人，后来下岗了，爸爸下海经商，妈妈是家庭主妇”。简单的一句话，却道尽这个家庭当年的风云变迁。

那场大的下岗风波，并没有让这个双双失去稳定工作和经济来源的家庭天塌地陷，而是许多年后，丈夫如日中天、妻子美似当年……他们夫妇俩携手活成了大多数人最理想的模样。

好的妈妈，传承给孩子的是在任何情况下都有拥抱幸福的能力。

这让我想起丁玲和她的母亲。

出身于典型大户人家的丁玲，其母亲大半生却过着非典型的大户人家的生活。

丁玲 3 岁时，父亲溘然长逝，留下寡妻、幼女、一个遗腹子，外加一身债务。

母亲还没走出丧夫的悲恸，父亲的兄弟就赶来追讨遗产。曾经养在深闺、百事不问的贵妇，不得不骤然承担起这一切，她变卖家产、偿还债务，只携一担简单行李、带一双幼小儿女，踏上回母家的路。

母亲回母家，却并不乞求别人庇护。她进学堂、读新书，期冀凭自己的力量，为小家庭谋一条出路。

20 世纪初，一个三十多岁的女人离家念书，本就是一桩奇事；更何况她还带着一个年幼的女儿，母亲在成人班、女儿在幼稚班……由此很快成为整个县城茶余饭后的笑谈。

可她偏偏能在众人的指指点点下，旁若无人地将小步迈得仪态万千、小脚迈得掷地有声。许多年后，她成了中国早期妇女运动的先驱，也是杰出的平民教育家，一生留有一部 60 年的回忆录和 200 余首旧体诗，以飨后世人。

正是这样一位母亲，养出了那个敢爱敢恨、卓尔不凡的“新女性”丁玲。丁玲的 82 年人生路，并不比母亲顺遂，她屡屡被卷进感情、政治的漩涡，可谓风雨飘摇、坎坷多难。

但回首丁玲的这一生，她有事业、有阅历、有家庭、有爱人，既活出了鲜明的个人特质，也活出了与时代的强烈和弦音。

谁又能说，她的这一生，不是灿烂美好又幸福的呢？

从丁玲到刘诗诗、从丁母到刘母，她们哪管岁月静好还是跌宕沉浮、哪管家道中落还是富甲一方……任何境遇下，总有本事活出一番美好天地，演绎自己的精彩美丽。

幸福是一种能力，它似乎可以传承，却永远无法给予。

因为这种能力，大概很难说究竟有哪一套标准版的教科书（或家规），教给我们在任何境遇下、何种困难下，究竟要如何去选择、如何去面对。

它很大程度上出于一个人的直觉，出自下意识的选择和判断。而这种直觉和判断，正是来自于我们从小到大的家庭教育和成长环境里，来自于日常生活的耳濡目染和言传身教里。

好的妈妈，在自己的态度中引导着孩子。

她们一边大胆地跟着感觉走，一边又有坚守的底线与原则；她们一边治愈着生活的创伤，一边又创造出绚丽的色彩；她们一边洞悉世界的残酷和不可求，一边眼眸里始终留有一份安宁与宽容。

好的妈妈，是女儿的女神。

她们眉眼轻柔又步履坚定，她们言语平和又颇有主见，她们吃苦耐劳又热爱生活，她们笑意清浅又一身傲骨，她们温婉沉静又刚正不阿。

她们早已在无数次的选择和挫折前，在无数次的态度和决断里，成为女儿的骄傲、女儿的榜样、女儿无形的参照；女儿早在对妈妈的折服和敬慕里，将妈妈的风骨和言行，一点一点印刻在了心里。

最好的教育智慧，就在日复一日中，在妈妈和孩子相处的微妙时光里。

最好的妈妈，是首先做好你自己。

好好和家人说话，究竟有多重要

对家人好好说话，受益的不仅是夫妻双方，更是自己未成年的孩子。

好朋友蓉在美甲店里做指甲，中间进来一个电话，因为不方便接听，蓉按了免提，电话那端传来一段低沉的男中音。

男：喂，你在哪呢？

蓉：我在做指甲。

男：哦，那一会有什么安排吗？

蓉：没有啊，做完回家了。

男：那麻烦你帮我把衣架上的两件呢子大衣送去干洗吧，下周出差我应该会用到。

蓉：是一件深蓝色和一件咖色的吗？嗯，我知道了。

男：那辛苦你啦，没事先挂了。

店里的小妹好奇，忍不住问蓉："这是谁啊？你男朋友吧？"

蓉说："哪是什么男朋友啊，这我老公啊，都结婚十年啦。"

小妹大惊道："十年？可据我所知，身边的老夫老妻们对这类家事，不应是拿起电话就说：‘喂！你在哪？早点把我衣服送去洗了！急等着用！’”

蓉笑着解释说：“先生在生活中就是这样一个温文尔雅的男人。从认识他起，不管是对她，还是对其他人，一律是谦逊有礼的态度。”

不仅他如此，他家里人也这样。蓉说：“刚开始跟他家人打交道，也有点不习惯。你帮他们随手买点水果、收拾家务、做个小菜，他们会说：‘谢谢你哦，麻烦你啦，辛苦你啦。’后来慢慢发现，他们这样说话，并不是跟你客气、拿你当外人。而是就这样的语言习惯，不仅是对儿媳，对儿子、包括对自己孙子，都是这样。”

嫁给一个说话温和的男人（家庭），蓉说，日子久了，倒也发现其好处来。

第一是蓉自己的性格在发生改变，以前脾气火爆，现在待人接物平和多了。连她自己家人都说，现在和她说话明显比以前顺畅舒服。

第二是和老公基本吵不起来。家里的那些问题，有什么是不能好好说话解决的呢？

第三是儿子在这样的家庭下长大，性格阳光活泼、健康开朗。他说话也小绅士范儿十足，在人群中从不畏生，也懂得照顾别人，这点很令家人欣慰。

懂得好好说话的家庭，的确幸福感更强；而那些不幸的家庭，日复一日地争吵，多半也是由不好好说话开始的。

本来丈夫只是想让妻子关一盏灯，调节一下眼睛，一开口却说成：“你开那么多灯干什么？不浪费电？就不知道考虑下别人！”

本来妻子只是想提醒先下班回来的丈夫：“外面下雨了，尽快收衣服。”一个电话打过来，却成了质问：“你在干什么？外面下雨都不知道？真不想事！”

本来丈夫只是想建议妻子，这条路上直行更安全，话到嘴边却成：“怎么随便变道！不要命了吗？撞上责任都是你的！你负得起吗？”

本来母亲只是批评儿子，考试明明可以更加认真和仔细，一张口却成了：“你这眼睛干什么用的？跟你爹一样瞎。”

明显可见，同样的语义以礼貌、温和、留有余地、为对方设想的方式说出来，收获的是另一方的感激、体贴、关怀和实际行动；

而同样的语义以简单粗暴、上纲上线、指桑骂槐甚至人身攻击的方式说出来，收获的则是对方的暴跳如雷、火线升级和拒不行动。

不仅是夫妻之间，后者也更容易与外人发生是非口角。

2017年初，骇人听闻的武昌火车站砍头事件，起因只是一碗面涨了一块钱。

而如果店老板换一种平和的口吻，说：“对不起，春节开始因为原材料上涨，我这也加价一元钱。还没来得及改动标牌，请您理解。”多半会相安无事。

可事实是，这老板盛气凌人地说：“我说多少钱就多少钱，吃不起别吃，给老子滚！”结果遇上了同样脾气暴戾和性格偏执的吃客，却不想丢了性命。

不仅是成人之间，未成年的世界里也是同样。

因为家有小娃，我特别关注过多起校园霸凌案。诚然，这些施暴的孩子多半性格有问题，但那些看似偶然被施暴者选中的不幸孩子，却都有着惊人的共性：

他们多半行为怪异或举止另类（落单者最容易被攻击），要么怯懦胆小或自卑孤僻（与父母完全零沟通），要么太过强势或者太过软弱，要么不会说话或者一说话就引爆对方……

对家人好好说话，受益的不仅是夫妻双方，更是自己未成年的孩子。

我的好朋友妙妙，从小出生在一个经常争吵的家庭，因此成年后的她，情绪依然特别敏感。

她说自有记忆以来，父母虽然相爱，但几乎从没停止过吵架，怒吼、冷战、甩头而去的戏码经常上演，一言不合就翻脸。有时候上一秒觉得很温馨，下一秒立刻风云突变。

所以她的性格特别脆弱，一直端着小心、察言观色、活得战战兢兢，生怕一个不注意，跌落万丈深渊。

长大后的她，说话方式似乎也复制了家人的模式。明明是友好的氛围，内心里是善意的想法，可话到嘴边就换了一种表达的方式，引得周围人败兴散去。

结婚后的她，不免和先生常常发生口角。某次和先生大闹，看到女儿在旁吓得抽泣，她忽然记起自己小时候的痛苦回忆，于是下定决心以绝对的清醒和克制，改变自己的说话方式，不让女儿重蹈覆辙。

幸运的是，不仅她和先生的关系得到改善，女儿如今也一天天明媚开朗起来，甚至连仪态也较以前更大方得体。

我们的语言似乎在暗示着肢体语言，并且潜移默化地影响着周围的环境。

当说话文明有礼，肢体语言也跟着优雅讲究起来，做人处事更加圆融周到，也更容易得到周边的正面反馈。而当说话粗俗暴戾，肢体语言也跟着嚣张跋扈，做人处事更加乖张偏执，也更容易陷入周边的负能量中。

一个人的语言和行为习惯多半成长于家庭。好好和家人说话，究竟有多重要?

一个家庭里，大人的争吵，无论谁赢，输掉的总是孩子。而大人的通达，哪怕表面不争，真正赢的，总是这个家。

你是妈妈，你也还是你自己

作为妈妈，我们和孩子是一体的，从不曾分离。可你也还是你自己。

孩子一岁多那年，某天加班回来的夜晚，路灯下，月影前，看见孩子的外婆抱着孩子正走在家附近那条寂静小路上，慢慢地散步和等我。

祖母俩的背影在灯光下被拉成长长的线条，远远地望着，我忽然产生了一种奇怪的错觉，像是一个身子上长了两个头，一大一小的两个头。怎么形容他们呢？像是双头同体人。

走近点看，小头斜于肩上，灵巧活泼，正举目四望，好奇地打量着这个夜空下的世界；大头端于肩上，稳重有力，却微微低垂，透着掩不住的疲惫。

我忽然补脑出这之后的画面：同一个身体上，小头越长越大、动作越来越灵活有力；大头却日渐萎缩，动作也一天天缓慢而笨拙。

总有一天，小头脱身而出，变成了一个独立而强壮的人；而大头呢？整个人就像被拿走了最重要的部分，身心俱散、气衰力竭……

或者，这就是生命的传承与轮回，一代人养育下一代人甚至是隔代的一群人。某一天，长大了的小头肩上也会新长出一个小小头，小小头逐年长大……周而复始，复始而生。

这是生命的延续和轮回，可具体到每个人身上，生命却只有一次；具体到眼前，他们是我的父亲母亲。

再看这一幕，我的眼前已是泪眼模糊。

和许多同龄朋友交流，我们的父母一代，最大的特征是一辈子都在默默地为子女付出和奉献，视子女为自己生活的全部。相比今天社会和媒体倡导“父母也要活出我自己”“做好自己才能成为更好的父母”这样的观念氛围，上一代人对子女的爱，或许要更显无私和厚重。

前阵子参加妹妹婚礼，听到她的致父母答谢辞中有这样一句：“爸爸妈妈，今天我们成立了自己的小家，可能不会像以往那样频繁回家。我希望你们不要太惦念我们，没事多出去走走，两个人也要吃得好一点……希望你们继续做我们的榜样，为我们做恩爱表率。今天的你们，就是我们的未来模样。”

妹妹的这番话，并非简单的场面话，而是内心真切所感。龙应台的《目送》中，有这样一句：“所谓父女、母子一场，只不过意味着，你和他的缘分就是今生今世在不断目送他的背影中渐行渐远。”对于以子女为重中之重的上一代人，这样的背影和目送，可能更让他们无所适从。他们把最好的时光给了我们，送走了我们；再用剩下的时光，把我们盼回来。

知乎里有段话形容我们这代儿女，“不敢死，不敢远嫁，特别想赚钱，因为他们只有我们”。厚重的爱里，也有一丝苦楚和无奈。

可当我们一次次渴望自由、渴望远走、渴望活出真实自己，渴望每一天都内心充盈如自己想要的样子，那么按照中国人推己及人的思维方式，是不是可以先鼓励、支持、成全自己的父母？请他们多为自己考虑一点、自私一点，忘掉年龄、放下包袱、扔掉顾虑，在人生后半段的嘉年华里，找到属于自己的真正乐土。

前几天登顶华山，有位登山者模样的爷爷在东峰之巅向我们问路，我惊诧：“您是一个人来的？”他说：“是啊。子女都要上班，不想麻烦他们。对这片土地期待已久，就一个人查了地图上路。”老爷子一个人从福建出发，华山只是第一站，接下来还有西安、延安、壶口。问及年龄，老爷子略带兴奋地答：“快70了。”

《对衰老的回答》一诗里说：“我所理解的最高幸福是心灵的难以平静。古稀之年依然老有所梦，还可以如青春无畏般说走就走。”这就是所谓的时光正好，青春不老。

小区里有对老夫妇，前阵子送了我们一本书。翻开一看，是夫妇俩共同出版的作品集，书的前半部分是老先生平生得意的书法集锦——老先生是中国书法协会的会员；书的后半部分则是老夫人的旅游小记，用一篇篇文章记录下俩人退休后的每一次旅程，粗算了一下，16年，100多个地方。

这本书看着应是自费出版，但对他们这一生，却是绝对超值。我当时看到这本书的时候，觉得自己身上的每一根筋都跳动了一下，这种感觉用一个通俗的词来诠释——羡慕。旅游、写稿、出集子，还有一起舞文弄墨的灵魂伴侣……此书的名字叫《老有所乐》，真是再贴切不过。

有位塔莎奶奶最近挺出名。这位奶奶56岁时独自隐居，用30年时间在10平方公里的荒野中搭建起自己的梦幻农场。80岁时，她成了乡村田园生活的大师，她的生活成为最受女性憧憬的生活方式。

老太太说，“我一向以度假的心态过着我的人生，每天、每分、每秒”，正是在这样的心境下，她不停地劳作，一点点翻地、种植、浇水、灌肥，总算“老有所得”，完成了自己童年的憧憬和愿望。

伊能静的儿子有句话，曾让无数妈妈温暖慰藉，他说：“你是妈妈，可你也还是你自己。”

其实这句话，放在普天之下的你我他身上都适合，不管你是什么样的身份，是父母、是伴侣、是儿女，首先，你都还是你自己。

再回首父母的肩头，小的时候，我们长在爸爸的怀里，那里宽厚如宇宙；后来，我们长在爸爸的肩头，我们看过最美的风景都是在他的肩头；再后来，我们长成了独立的一个人，爸爸的肩头是我们漂泊的码头；很多年以后，我们有了自己的子女，一切仿佛回到曾经，爸爸的肩头，成了我们孩子的靠山和高楼……

我们是一体的，从不曾分离。可最重要的，你也还是你自己。